2018

京津冀科技统计年鉴

京津冀科技统计年鉴编辑委员会　编

科学技术文献出版社
SCIENTIFIC AND TECHNICAL DOCUMENTATION PRESS
·北京·

图书在版编目（CIP）数据

2018京津冀科技统计年鉴 / 京津冀科技统计年鉴编辑委员会编. —北京：科学技术文献出版社，2019. 7
ISBN 978-7-5189-5734-7

Ⅰ.①2… Ⅱ.①京… Ⅲ.①科技统计—华北地区—2018—年鉴 Ⅳ.①G322.72-66

中国版本图书馆 CIP 数据核字（2019）第 141077 号

2018京津冀科技统计年鉴

策划编辑：李　蕊　责任编辑：张永霞　责任校对：文　浩　责任出版：张志平

出 版 者　科学技术文献出版社
地　　址　北京市复兴路15号　邮编 100038
编 务 部　(010) 58882938，58882087（传真）
发 行 部　(010) 58882868，58882870（传真）
邮 购 部　(010) 58882873
官方网址　www.stdp.com.cn
发 行 者　科学技术文献出版社发行　全国各地新华书店经销
印 刷 者　北京时尚印佳彩色印刷有限公司
版　　次　2019 年 7 月第 1 版　2019 年 7 月第 1 次印刷
开　　本　889×1194　1/16
字　　数　172千
印　　张　8
书　　号　ISBN 978-7-5189-5734-7
定　　价　36.00元

《2018 京津冀科技统计年鉴》
编委会及编辑组

编者说明

一、《2018京津冀科技统计年鉴》在天津市科学技术局、河北省科学技术厅指导下，由天津市科技统计与发展研究中心、河北省科学技术情报研究院共同编辑制作，主要反映了京津冀的科技活动情况，收录了三省（市）、有关地区和部门2011—2016年的科技统计数据。

二、年鉴分为15个部分。第一部分为反映京津冀科技活动综合统计资料，数据来源于《中国统计年鉴》、《中国科技统计年鉴》和三地相关统计资料；第二至第五部分分别为财政、研究与开发机构、工业企业和高等学校科技活动统计资料，数据来源于《中国统计年鉴》、《中国科技统计年鉴》和全国地方财政科学技术支出统计调查；第六部分为高技术产业发展统计资料，数据来源于《中国高技术产业统计年鉴》；第七部分为创新产出统计资料，数据来源于《中国科技统计年鉴》；第八至第十三部分分别为国家高新技术产业开发区、科技企业孵化器、国家级高新技术企业、国家大学科技园、火炬计划特色产业基地、创新型产业集群统计资料，数据来源于《中国科技统计年鉴》和《中国火炬统计年鉴》；第十四部分为科学技术普及统计资料，数据来源于《中国科普统计》；第十五部分为主要统计指标解释。

三、本年鉴中部分数据合计数或相对数由于计量单位取舍不同而产生的计算误差，均未做机械调整。

四、有关符号说明："#"表示是其中的主要项；"①"等表示本表下有注解；"空格"表示该项统计指标数据不足本表最小单位数、不详或无该项数据。

目 录

1

2018 京津冀科技统计年鉴

综合

1-1 京津冀主要社会、经济指标情况（2016年）

地 区	常住人口（万人）①	户籍人口（万人）	地区生产总值（亿元）	第一产业	第二产业	#工业增加值	第三产业
全 国	**138 271**	**115 801.9**	**744 127.2**	**63 670.7**	**296 236.0**	**285 176.9**	**384 220.5**
京津冀合计	**11 205**	**9392.8**	**75 625.0**	**3842.8**	**27 772.7**	**24 219.3**	**44 007.3**
北京	2173	1813.2	25 669.1	129.8	4944.4	4026.7	20 594.0
天津	1562	1304.6	17 885.4	220.2	7571.4	6805.1	10 093.2
河北	7470	6275.0	32 070.5	3492.8	15 256.9	13 387.5	13 320.1
京津冀占比（%）	**8.1**	**8.1**	**10.2**	**6.0**	**9.4**	**8.5**	**11.5**

①全国数据为年度人口抽样调查推算数据，京津冀数据为常住人口口径。

续表 1

地 区	人均生产总值（元/人）	社会从业人员（万人）	农林牧渔业总产值（亿元）	中资金融机构人民币存款余额（亿元）	#住户存款余额	中资金融机构人民币贷款余额（亿元）
全 国	**53 980**	**77 603.0**	**112 091.3**	**1 506 000.0**	**603 504.2**	**1 066 000.0**
京津冀合计	**67 492**	**6346.5**	**6916.4**	**215 253.3**	**71 481.9**	**120 318.3**
北京	118 198	1220.1	338.1	130 648.0	29 505.7	55 553.2
天津	115 053	902.4	494.4	28 676.4	9105.2	27 019.2
河北	43 062	4224.0	6083.9	55 928.9	32 871.0	37 745.9
京津冀占比（%）		**8.2**	**6.2**	**14.3**	**11.8**	**11.3**

续表 2

地 区	一般公共预算收入（亿元）	一般公共预算支出（亿元）	全社会固定资产投资额（亿元）	全社会房屋建筑竣工面积（万平方米）	主要规模以上港口货物吞吐量（亿吨）	邮电业务总量（亿元）
全 国	**87 239.4**	**160 351.4**	**606 465.7**	**312 119**	**81.1**	**23 014.2**
京津冀合计	**10 654.6**	**16 155.7**	**52 473.3**	**25 032**	**7.4**	**2068.7**
北京	5081.3	6406.8	7943.9	3443	0.0	979.1
天津	2723.5	3699.4	12 779.4	5368	5.5	269.6
河北	2849.9	6049.5	31 750.0	16 221	1.9	820.0
京津冀占比（%）	**12.2**	**10.1**	**8.7**	**8.0**	**9.1**	**9.0**

续表 3

地　区	社会消费品零售总额（亿元）	实际利用外资额（亿美元）	外贸进出口总额（亿美元）	#出口	城镇非私营单位从业人员工资总额（亿元）	城镇非私营单位从业人员平均工资（元）
全　国	**332 316.3**	**1260.0**	**36 855.6**	**20 976.3**	**120 074.8**	**67 569**
京津冀合计	**31 005.6**	**388.2**	**4316.8**	**1268.8**	**15 466.4**	
北京	11 005.1	130.3	2823.5	520.2	9463.3	119 928
天津	5635.8	176.4	1026.6	442.8	2484.3	86 305
河北	14 364.7	81.5	466.7	305.8	3518.8	55 334
京津冀占比（%）	**9.3**	**30.8**	**11.7**	**6.0**	**12.9**	

1-2　京津冀全省（市）财政收支情况（2016 年）

地　区	地方财政科技支出合计（亿元）	#中央对地方科技专项转移支出	地方财政支出（亿元）	科技支出占财政支出的比重（%）	地方财政收入（亿元）
全　国	**3877.9**	**54.2**	**160 351.4**	**2.42**	**87 239.4**
京津冀合计	**484.2**	**2.2**	**16 155.7**	**3.02**	**10 654.6**
北京	285.8	0.0	6406.8	4.46	5081.3
天津	125.2	0.8	3699.4	3.38	2723.5
河北	73.2	1.4	6049.5	1.21	2849.9
京津冀占比（%）	**12.5**	**4.1**	**10.1**		**12.2**

1-3　京津冀省（市）本级财政收支情况（2016 年）

地　区	地方财政科技支出合计（亿元）	#中央对地方科技专项转移支出	地方财政支出（亿元）	科技支出占财政支出的比重（%）	地方财政收入（亿元）
全　国	**929.5**	**46.7**	**26 592.4**	**3.50**	**17 875.7**
京津冀合计	**309.8**	**1.4**	**4763.1**	**6.50**	**4422.2**
北京	244.1	0.0	2697.0	9.05	2921.0
天津	45.2	0.0	1239.4	3.65	967.9
河北	20.5	1.4	826.7	2.48	533.3
京津冀占比（%）	**33.3**	**3.0**	**17.9**		**24.7**

1-4 京津冀公有经济企事业单位专业技术人员（2011—2016 年）

单位：人

地　　区	2011 年	2012 年	2013 年	2014 年	2015 年	2016 年
全　　国	**29 186 650**	**29 774 237**	**30 259 517**	**30 611 006**	**30 878 358**	**30 940 421**
京津冀合计	**1 936 670**	**1 958 103**	**1 994 171**	**2 011 569**	**1 989 041**	**2 004 488**
北京	465 049	478 674	491 320	517 547	524 089	533 737
天津	313 909	315 224	320 820	319 519	304 943	307 527
河北	1 157 712	1 164 205	1 182 031	1 174 503	1 160 009	1 163 224
京津冀占比（%）	**6.6**	**6.6**	**6.6**	**6.6**	**6.4**	**6.5**

1-5 京津冀公有经济企事业单位自然科学专业技术人员情况（2016 年）

单位：人

地　　区	自然科学专业					
		工程技术	农业技术	科学研究	卫生技术	教学人员
全　　国	**24 926 488**	**6 494 484**	**720 627**	**462 200**	**4 372 053**	**12 877 124**
京津冀合计	**1 716 010**	**323 755**	**33 722**	**17 384**	**343 667**	**997 482**
北京	414 296	127 370	4400	8408	98 450	175 668
天津	259 624	65 809	2943	4683	60 269	125 920
河北	1 042 090	130 576	26 379	4293	184 948	695 894
京津冀占比（%）	**6.9**	**5.0**	**4.7**	**3.8**	**7.9**	**7.7**

1-6 京津冀研究与试验发展（R&D）情况（2011—2016 年）

地　　区	2011 年	2012 年	2013 年	2014 年	2015 年	2016 年
R&D 人员折合全时当量（人年）						
全　　国	2 882 903	3 246 840	3 532 817	3 710 580	3 758 848	3 878 057
京津冀合计	364 573	403 635	431 940	459 665	477 024	484 105
北京	217 255	235 493	242 175	245 384	245 728	253 337
天津	74 293	89 609	100 219	113 335	124 321	119 384
河北	73 025	78 533	89 546	100 946	106 975	111 384
京津冀占比（%）	12.6	12.4	12.2	12.4	12.7	12.5

续表

地　　区	2011 年	2012 年	2013 年	2014 年	2015 年	2016 年
R&D 经费内部支出（亿元）						
全　　国	8687.0	10 298.4	11 846.6	13 015.6	14 169.9	15 676.8
京津冀合计	1435.7	1669.7	1895.1	2046.6	2245.1	2405.3
北京	936.6	1063.4	1185.1	1268.8	1384.0	1484.6
天津	297.8	360.5	428.1	464.7	510.2	537.3
河北	201.3	245.8	281.9	313.1	350.9	383.4
京津冀占比（%）	16.5	16.2	16.0	15.7	15.8	15.3
R&D 经费投入占 GDP 的比重（%）						
全　　国	1.78	1.91	1.99	2.02	2.06	2.11
京津冀合计	2.80	2.90	3.30	3.10	3.20	3.20
北京	5.76	5.95	5.98	5.95	6.01	5.96
天津	2.63	2.80	2.96	2.96	3.08	3.00
河北	0.82	0.92	0.99	1.06	1.18	1.20

1-7　京津冀研究与试验发展（R&D）人员折合全时当量（2016 年）

单位：人年

地　　区	R&D 人员折合全时当量	# 研究人员	基础研究	应用研究	试验发展
全　　国	**3 878 057.0**	**1 692 176.0**	**274 748.0**	**438 877.4**	**3 164 434.0**
京津冀合计	**484 104.0**	**252 296.9**	**58 068.8**	**93 824.6**	**332 211.9**
北京	253 336.7	150 574.2	46 337.2	63 694.4	143 306.2
天津	119 383.6	51 379.4	5524.1	14 302.7	99 556.9
河北	111 383.7	50 343.3	6207.5	15 827.5	89 348.8
京津冀占比（%）	**12.5**	**14.9**	**21.1**	**21.4**	**10.5**

1-8　京津冀研究与试验发展（R&D）经费内部支出（2016 年）

单位：亿元

地　　区	R&D 经费内部支出	基础研究	应用研究	试验发展
全　　国	**15 676.8**	**822.9**	**1610.5**	**13 243.4**
京津冀合计	**2405.3**	**249.6**	**440.9**	**1714.9**
北京	1484.6	211.2	348.1	925.3
天津	537.3	30.3	59.4	447.6
河北	383.4	8.1	33.4	342.0
京津冀占比（%）	**15.3**	**30.3**	**27.4**	**12.9**

1-9 京津冀研究与试验发展（R&D）经费内部支出按支出用途分布（2016 年）

单位：亿元

地区	R&D 经费内部支出	日常性支出	# 人员劳务费	资产性支出	# 仪器和设备
全国	**15676.8**	**13695.3**	**4633.9**	**1981.5**	**1732.0**
京津冀合计	**2405.3**	**2056.3**	**682.4**	**349.0**	**273.3**
北京	1484.6	1281.0	441.5	203.5	156.7
天津	537.3	444.9	136.0	92.5	67.9
河北	383.4	330.4	104.9	53.0	48.7
京津冀占比（%）	**15.3**	**15.0**	**14.7**	**17.6**	**15.8**

1-10 京津冀研究与试验发展（R&D）经费内部支出按资金来源分布（2016 年）

单位：亿元

地区	R&D 经费内部支出	政府资金	企业资金	国外资金	其他资金
全国	**15 676.8**	**3140.8**	**11 923.5**	**103.2**	**509.2**
京津冀合计	**2405.3**	**952.4**	**1295.8**	**50.0**	**107.2**
北京	1484.6	802.6	563.7	32.3	86.0
天津	537.3	94.0	413.1	17.6	12.6
河北	383.4	55.8	319.0	0.1	8.6
京津冀占比（%）	**15.3**	**30.3**	**10.9**	**48.4**	**21.1**

1-11 京津冀专利情况（2011—2016 年）

单位：件

地区	2011 年	2012 年	2013 年	2014 年	2015 年	2016 年
专利申请受理数						
全国	1 504 670	1 912 151	2 234 560	2 210 616	2 639 446	3 305 225
京津冀合计	134 039	156 555	211 870	231 533	280 335	350 481
北京	77 955	92 305	123 336	138 111	156 312	189 129
天津	38 489	41 009	60 915	63 422	79 963	106 514
河北	17 595	23 241	27 619	30 000	44 060	54 838
京津冀占比（%）	8.9	8.2	9.5	10.5	10.6	10.6

续表

地　区	2011 年	2012 年	2013 年	2014 年	2015 年	2016 年
专利申请授权数						
全　国	883 861	1 163 226	1 228 413	1 209 402	1 596 977	1 628 881
京津冀合计	65 989	85 608	105 713	121 144	161 503	172 138
北京	40 888	50 511	62 671	74 661	94 031	100 578
天津	13 982	19 782	24 856	26 351	37 342	39 734
河北	11 119	15 315	18 186	20 132	30 130	31 826
京津冀占比（%）	7.5	7.4	8.6	10.0	10.1	10.6
国内有效专利数						
全　国	2 303 015	3 005 023	3 635 929	4 032 362	4 792 356	5 527 183
京津冀合计	203 758	266 212	342 564	424 824	535 051	647 599
北京	131 255	170 516	219 243	274 667	344 916	417 666
天津	38 690	52 338	68 540	83 628	103 775	124 443
河北	33 813	43 358	54 781	66 529	86 360	105 490
京津冀占比（%）	8.8	8.9	9.4	10.5	11.2	11.7

1-12　京津冀技术市场技术合同成交情况（2011—2016 年）

地　区	2011 年	2012 年	2013 年	2014 年	2015 年	2016 年
技术输出地域合同数（项）						
全　国	256 428	282 242	294 929	297 037	307 132	320 437
京津冀合计	69 651	77 862	82 620	85 463	88 060	91 763
北京	53 552	59 969	62 755	67 284	72 306	74 983
天津	11 699	13 381	15 664	14 947	12 456	12 934
河北	4400	4512	4201	3232	3298	3846
京津冀占比（%）	27.2	27.6	28.0	28.8	28.7	28.6
技术输出地域合同金额（亿元）						
全　国	4763.6	6437.1	7469.1	8577.2	9835.8	11 407.0
京津冀合计	2086.0	2728.6	3159.5	3555.0	3996.8	4552.6
北京	1890.3	2458.5	2851.7	3137.2	3453.9	3941.0
天津	169.4	232.3	276.2	388.6	503.4	552.6
河北	26.3	37.8	31.6	29.2	39.5	59.0
京津冀占比（%）	43.8	42.4	42.3	41.4	40.6	39.9

续表

地　　区	2011 年	2012 年	2013 年	2014 年	2015 年	2016 年
技术流向地域合同数（项）						
全　　国	256 428	282 242	294 929	297 037	307 132	320 437
京津冀合计	50 642	58 668	62 466	64 724	65 568	72 048
北京	36 021	43 513	45 408	47 015	50 140	55 480
天津	8750	9084	10 934	11 594	9439	9612
河北	5871	6071	6124	6115	5989	6956
京津冀占比（%）	19.7	20.8	21.2	21.8	21.3	22.5
技术流向地域合同金额（亿元）						
全　　国	4763.6	6437.1	7469.1	8577.2	9835.8	11 407.0
京津冀合计	922.3	1294.5	1278.0	1728.3	1623.5	2326.7
北京	679.3	974.4	945.4	1234.7	1147.5	1753.2
天津	174.0	204.8	236.1	340.8	330.7	389.2
河北	69.0	115.3	96.5	152.8	145.3	184.3
京津冀占比（%）	19.4	20.1	17.1	20.1	16.5	20.4

2

2018/京津冀科技统计年鉴

财政

2-1 京津冀一般公共预算收入（2016 年）

单位：亿元

地　　区	地方一般公共预算收入	税收收入	国内增值税	营业税	企业所得税	个人所得税
全　　国	**87 239.3**	**64 691.6**	**18 762.6**	**10 168.8**	**10 135.6**	**4034.9**
京津冀合计	**10 654.7**	**8073.3**	**2265.3**	**1179.1**	**1646.7**	**739.6**
北京	5081.3	4453.0	1214.3	584.4	1095.2	571.3
天津	2723.5	1624.2	455.8	252.3	278.5	96.8
河北	2849.9	1996.1	595.2	342.4	273.0	71.5
京津冀占比（%）	**12.2**	**12.5**	**12.1**	**11.6**	**16.2**	**18.3**

续表 1

地　　区	资源税	城市维护建设税	房产税	印花税	城镇土地使用税	土地增值税	车船税	耕地占用税
全　　国	**919.4**	**3880.3**	**2220.9**	**958.8**	**2255.7**	**4212.2**	**682.7**	**2028.9**
京津冀合计	**32.7**	**435.0**	**325.0**	**149.0**	**144.4**	**436.4**	**79.0**	**78.5**
北京	0.8	221.6	198.2	80.5	19.2	177.3	32.4	3.3
天津	1.7	98.2	72.2	35.3	23.5	120.4	10.5	8.0
河北	30.2	115.2	54.6	33.2	101.7	138.7	36.1	67.2
京津冀占比（%）	**3.5**	**11.2**	**14.6**	**15.5**	**6.4**	**10.4**	**11.6**	**3.9**

续表 2

地　　区	契　税	烟叶税	其他税收收入	非税收入	专项收入	行政事业性收费收入	罚没收入
全　　国	**4300.0**	**130.5**	**0.3**	**22 547.7**	**6186.9**	**4416.5**	**1851.5**
京津冀合计	**562.1**	**0.3**	**0.0**	**2581.4**	**767.5**	**435.0**	**191.0**
北京	254.3		0.0	628.3	375.2	55.4	45.7
天津	171.1			1099.3	204.5	170.9	31.8
河北	136.7	0.3		853.8	187.8	208.7	113.5
京津冀占比（%）	**13.1**	**0.2**	**0.0**	**11.4**	**12.4**	**9.8**	**10.3**

续表 3

地　　区	国有资本经营收入	国有资源（资产）有偿收入	捐赠收入	政府住房基金收入	其他收入
全　　国	**857.7**	**6652.4**	**127.3**	**747.9**	**1707.5**
京津冀合计	**64.4**	**732.6**	**6.1**	**101.3**	**283.7**
北京		103.3	0.8	32.7	15.3
天津	32.8	405.0	0.4	28.2	225.8
河北	31.6	224.4	4.9	40.4	42.6
京津冀占比（%）	**7.5**	**11.0**	**4.8**	**13.5**	**16.6**

2-2　京津冀一般公共预算支出（2016 年）

单位：亿元

地　　区	地方一般公共预算支出	一般公共服务支出	外交支出	国防支出	公共安全支出	教育支出	科学技术支出	文化体育与传媒支出
全　　国	**160 351.4**	**13 581.4**	**2.3**	**219.9**	**9290.1**	**26 625.1**	**3877.9**	**2915.1**
京津冀合计	**16 155.7**	**1111.2**		**22.2**	**872.8**	**2524.8**	**484.2**	**343.1**
北京	6406.8	367.2		8.5	358.8	887.4	285.8	198.4
天津	3699.4	192.2		3.7	177.4	502.5	125.2	57.2
河北	6049.5	551.8		10.0	336.6	1134.9	73.2	87.5
京津冀占比（%）	**10.1**	**8.2**		**10.1**	**9.4**	**9.5**	**12.5**	**11.8**

续表 1

地　　区	社会保障和就业支出	医疗卫生与计划生育支出	节能环保支出	城乡社区支出	农林水支出	交通运输支出	资源勘探信息等支出	商业服务业等支出
全　　国	**20 700.9**	**13 067.6**	**4439.3**	**18 374.9**	**17 808.3**	**9686.6**	**5465.4**	**1688.1**
京津冀合计	**1933.4**	**1149.0**	**691.8**	**2822.6**	**1405.4**	**716.8**	**540.8**	**132.9**
北京	716.2	397.9	363.4	1120.3	443.6	353.5	194.7	56.2
天津	377.9	203.2	65.6	1146.6	161.0	111.5	220.8	40.9
河北	839.3	547.9	262.8	555.7	800.8	251.8	125.3	35.8
京津冀占比（%）	**9.3**	**8.8**	**15.6**	**15.4**	**7.9**	**7.4**	**9.9**	**7.9**

续表 2

地　区	金融支出	援助其他地区支出	国土海洋气象等支出	住房保障支出	粮油物储备支出	债务付息支出	债务发行费用支出	其他支出
全　国	**550.3**	**303.2**	**1473.9**	**6338.8**	**738.0**	**1700.5**	**36.7**	**1467.2**
京津冀合计	**21.9**	**60.1**	**150.6**	**620.3**	**43.9**	**135.2**	**2.9**	**370.1**
北京	11.3	41.2	19.5	322.1	11.1	36.3	0.8	212.7
天津	3.1	11.4	57.4	116.2	7.1	18.6	0.7	99.3
河北	7.5	7.5	73.7	182.0	25.7	80.3	1.4	58.1
京津冀占比（%）	**4.0**	**19.8**	**10.2**	**9.8**	**5.9**	**8.0**	**7.9**	**25.2**

2-3　京津冀全省（市）财政科技支出情况（2011—2016 年）

地　区	2011 年	2012 年	2013 年	2014 年	2015 年	2016 年
一般公共预算支出（亿元）						
全　国	92 733.7	107 188.3	119 740.3	129 215.5	150 335.6	160 351.4
京津冀合计	8579.0	9907.9	11 132.5	12 086.7	14 602.3	16 155.7
北京	3245.2	3685.3	4173.7	4524.7	5737.7	6406.8
天津	1796.3	2143.2	2549.2	2884.7	3232.4	3699.4
河北	3537.4	4079.4	4409.6	4677.3	5632.2	6049.5
京津冀占比（%）	9.3	9.2	9.3	9.4	9.7	10.1
财政科技支出（亿元）						
全　国	1885.9	2242.2	2715.3	2877.8	3384.2	3877.9
京津冀合计	276.5	321.1	377.3	443.0	454.1	484.2
北京	183.1	199.9	234.7	282.7	287.8	285.8
天津	60.2	76.5	92.8	109.0	120.8	125.2
河北	33.2	44.7	49.8	51.3	45.5	73.2
京津冀占比（%）	14.7	14.3	13.9	15.4	13.4	12.5
财政科技支出占一般公共预算支出的比重（%）						
全　国	2.03	2.09	2.27	2.23	2.25	2.42
京津冀合计	3.22	3.24	3.39	3.67	3.11	3.00
北京	5.64	5.42	5.62	6.25	5.02	4.46
天津	3.35	3.57	3.64	3.78	3.74	3.38
河北	0.94	1.10	1.13	1.10	0.81	1.21

2-4 京津冀省（市）本级财政科技支出情况（2011—2016 年）

地 区	2011 年	2012 年	2013 年	2014 年	2015 年	2016 年
一般公共预算支出（亿元）						
全 国	18 787.1	21 469.5	22 138.2	22 965.6	26 483.5	26 592.4
京津冀合计	2871.4	3213.5	3458.9	3624.9	4125.6	4763.1
北京	1464.3	1613.1	1702.0	1843.1	2199.9	2697.0
天津	813.0	931.5	1041.5	1086.1	1171.1	1239.4
河北	594.1	668.9	715.4	695.7	754.6	826.7
京津冀占比（%）	15.3	15.0	15.6	15.8	15.6	17.9
财政科技支出（亿元）						
全 国	587.3	659.7	798.4	788.2	913.6	929.5
京津冀合计	199.7	218.3	251.0	302.7	308.8	309.8
北京	160.2	170.3	193.5	239.9	243.4	244.1
天津	32.1	38.9	44.8	50.3	53.6	45.2
河北	7.4	9.1	12.7	12.5	11.8	20.5
京津冀占比（%）	34.0	33.1	31.4	38.4	33.8	33.3
财政科技支出占一般公共预算支出的比重（%）						
全 国	3.13	3.07	3.61	3.43	3.45	3.50
京津冀合计	6.95	6.79	7.25	8.35	7.48	6.50
北京	10.94	10.56	11.37	13.02	11.06	9.05
天津	3.95	4.18	4.30	4.63	4.58	3.65
河北	1.25	1.36	1.78	1.80	1.56	2.48

2-5 京津冀全省（市）财政科技支出按用途分布（2016 年）

单位：万元

地 区	地方财政科技支出合计	科学技术管理事务	基础研究	应用研究	技术研究与开发
全 国	**38 778 626**	**1 707 519**	**517 906**	**1 948 420**	**15 293 657**
京津冀合计	**4 841 357**	**164 410**	**65 868**	**435 770**	**1 372 588**
北京	2 857 786	53 035	40 824	284 422	286 200
天津	1 251 740	29 364	8022	99 939	751 980
河北	731 831	82 011	17 022	51 409	334 408
京津冀占比（%）	**12.5**	**9.6**	**12.7**	**22.4**	**9.0**

续表

地　　区	科技条件与服务	社会科学	科学技术普及	科技交流与合作	科技重大项目	其他科学技术支出	中央对地方科技专项转移支出
全　　国	**2 392 186**	**442 961**	**1 165 179**	**129 235**	**1 053 482**	**14 128 081**	**542 307**
京津冀合计	**145 866**	**42 372**	**117 023**	**26 179**	**82 309**	**2 388 972**	**21 688**
北京	54 441	23 312	64 210	2923	63 686	1 984 733	0
天津	57 004	7888	14 490	20 828	17 388	244 837	7500
河北	34 421	11 172	38 323	2428	1235	159 402	14 188
京津冀占比（%）	**6.1**	**9.6**	**10.0**	**20.3**	**7.8**	**16.9**	**4.0**

2-6　京津冀省（市）本级财政科技支出按用途分布（2016 年）

单位：万元

地　　区	地方财政科技支出合计				
		科学技术管理事务	基础研究	应用研究	技术研究与开发
全　　国	**9 294 495**	**172 029**	**356 640**	**1 502 310**	**3 041 481**
京津冀合计	**3 097 410**	**37 933**	**53 568**	**404 550**	**554 715**
北京	2 440 585	7295	40 365	279 460	212 526
天津	452 166	6187	0	94 660	252 260
河北	204 659	24 451	13 203	30 430	89 929
京津冀占比（%）	**33.3**	**22.1**	**15.0**	**26.9**	**18.2**

续表

地　　区	科技条件与服务	社会科学	科学技术普及	科技交流与合作	科技重大项目	其他科学技术支出	中央对地方科技专项转移支出
全　　国	**602 735**	**273 778**	**386 813**	**32 681**	**551 381**	**2 374 647**	**466 909**
京津冀合计	**53 892**	**38 536**	**55 016**	**15 274**	**80 645**	**1 803 281**	**14 188**
北京	27 176	23 285	43 877	2786	63 686	1 740 129	0
天津	21 807	7888	6026	11 386	16 959	34 993	0
河北	4909	7363	5113	1102	0	28 159	14 188
京津冀占比（%）	**8.9**	**14.1**	**14.2**	**46.7**	**14.6**	**75.9**	**3.0**

2-7 北京市各区财政科技支出及占财政一般公共预算支出的比重（2016 年）

地　区	财政科技支出（万元）	一般公共预算支出（万元）	财政科技支出占一般公共预算支出的比重（%）
各区合计	**417 131**	**37 172 989**	**1.12**
东城区	15 045	2 375 385	0.63
西城区	27 803	4 260 851	0.65
朝阳区	93 078	4 530 253	2.05
丰台区	48 320	1 941 102	2.49
石景山区	16 721	979 702	1.71
海淀区	96 453	5 773 987	1.67
门头沟区	2929	875 165	0.33
房山区	7054	2 241 952	0.31
通州区	21 160	3 384 407	0.63
顺义区	8074	2 390 927	0.34
昌平区	31 067	1 602 883	1.94
大兴区	4169	2 394 469	0.17
怀柔区	7142	1 074 411	0.66
平谷区	9922	1 212 345	0.82
密云区	25 688	1 135 066	2.26
延庆区	2506	1 000 084	0.25

2-8 天津市各区财政科技支出及占财政一般公共预算支出的比重（2016 年）

地区	财政科技支出（万元）	一般公共预算支出（万元）	财政科技支出占一般公共预算支出的比重（%）
各区合计	**816 228**	**24 600 195**	**3.32**
和平区	34 851	1 181 832	2.95
河东区	12 222	931 392	1.31
河西区	30 474	864 774	3.52
南开区	19 443	964 958	2.01
河北区	10 308	864 888	1.19
红桥区	8210	521 407	1.57
东丽区	37 124	1 019 291	3.64
西青区	32 348	1 573 298	2.06
津南区	22 090	1 095 015	2.02
北辰区	25 531	1 148 048	2.22
武清区	35 642	1 763 212	2.02
宝坻区	15 734	1 099 254	1.43
滨海新区	495 937	9 055 349	5.48
宁河区	7443	561 255	1.33
静海区	15 377	1 007 967	1.53
蓟州区	13 494	948 255	1.42

2-9　河北省各市财政科技支出及占财政一般公共预算支出的比重（2016 年）

地　　区	财政科技支出（万元）	一般公共预算支出（万元）	财政科技支出占一般公共预算支出的比重（%）
各市合计	**523 430**	**51 359 001**	**1.02**
石家庄市	121 193	7 142 424	1.70
唐山市	85 842	6 425 412	1.34
秦皇岛市	29 152	2 455 712	1.19
邯郸市	44 242	5 316 404	0.83
邢台市	24 504	4 093 874	0.60
保定市	34 818	5 569 921	0.63
张家口市	22 530	4 151 921	0.54
承德市	24 083	3 037 531	0.79
沧州市	43 578	5 048 978	0.86
廊坊市	76 455	5 089 037	1.50
衡水市	17 033	3 027 787	0.56

3

2018/京津冀科技统计年鉴

研究与开发机构

（1）全部研究与开发机构

3–1 京津冀研究与开发机构基本情况（2011—2016 年）

地 区	2011 年	2012 年	2013 年	2014 年	2015 年	2016 年
机构数（个）						
全 国	3673	3674	3651	3677	3650	3611
京津冀合计	503	513	514	529	528	537
北京	370	379	380	392	389	396
天津	58	58	58	60	60	61
河北	75	76	76	77	79	80
京津冀占比（%）	13.7	14.0	14.1	14.4	14.5	14.9
从业人员（人）						
全 国	702 621	739 092	761 963	778 861	782 821	768 794
京津冀合计	177 369	188 934	197 740	206 070	209 256	207 266
北京	146 738	156 753	163 135	168 993	170 563	167 138
天津	13 536	14 060	15 036	16 730	17 088	17 228
河北	17 095	18 121	19 569	20 347	21 605	22 900
京津冀占比（%）	25.2	25.6	26.0	26.5	26.7	27.0
R&D 人员折合全时当量（人年）						
全 国	315 679	343 513	363 691	373 826	383 597	390 110
京津冀合计	97 477	107 706	112 337	115 213	116 808	118 852
北京	83 796	92 577	96 249	97 130	97 988	99 099
天津	7258	7894	8572	9862	10 063	10 517
河北	6423	7235	7516	8221	8757	9236
京津冀占比（%）	30.9	31.4	30.9	30.8	30.5	30.5
R&D 经费内部支出（亿元）						
全 国	1306.7	1548.9	1781.4	1926.2	2136.5	2260.2
京津冀合计	482.6	546.2	670.0	709.9	787.6	815.1
北京	434.3	488.5	602.4	640.9	702.8	730.1
天津	25.8	29.0	41.6	38.6	44.2	46.6
河北	22.5	28.7	26.0	30.4	40.6	38.4
京津冀占比（%）	36.9	35.3	37.6	36.9	36.9	36.1

续表

地　　区	2011年	2012年	2013年	2014年	2015年	2016年
专利申请数（件）						
全　　国	24 059	30 418	37 040	41 966	46 559	52 331
京津冀合计	9242	10 123	12 186	13 520	14 605	15 533
北京	8256	9049	11 051	11 847	12 676	13 454
天津	739	681	734	1112	1264	1352
河北	247	393	401	561	665	727
京津冀占比（%）	38.4	33.3	32.9	32.2	31.4	29.7
有效发明专利数（件）						
全　　国	29 260	42 908	53 636	65 837	86 367	107 718
京津冀合计	10 177	15 196	20 697	23 929	31 983	40 786
北京	9149	13 911	19 411	21 711	28 985	36 608
天津	660	723	819	1371	1783	2600
河北	368	562	467	847	1215	1578
京津冀占比（%）	34.8	35.4	38.6	36.3	37.0	37.9

3-2　京津冀研究与开发机构 R&D 人员（2016 年）

单位：人

地　　区	R&D人员合计	#女性	#博士毕业	#硕士毕业	#本科毕业	#全时人员
全　　国	**449 916**	**147 394**	**79 026**	**155 942**	**146 110**	**352 065**
京津冀合计	**134 724**	**47 313**	**35 365**	**47 248**	**36 363**	**108 280**
北京	113 675	40 466	33 900	40 955	26 637	89 137
天津	10 907	4007	879	3386	4529	10 097
河北	10 142	2840	586	2907	5197	9046
京津冀占比（%）	**29.9**	**32.1**	**44.8**	**30.3**	**24.9**	**30.8**

3-3 京津冀研究与开发机构 R&D 全时人员按活动类型分布（2016 年）

单位：人年

地　　区	R&D 人员折合全时当量	# 研究人员	基础研究	应用研究	试验发展
全　　国	**390 110**	**273 967**	**83 784**	**127 120**	**179 206**
京津冀合计	**118 852**	**81 103**	**32 041**	**41 811**	**45 000**
北京	99 099	68 180	30 397	34 534	34 168
天津	10 517	6455	795	3966	5756
河北	9236	6468	849	3311	5076
京津冀占比（%）	**30.5**	**29.6**	**38.2**	**32.9**	**25.1**

3-4 京津冀研究与开发机构 R&D 经费内部支出按活动类型分布（2016 年）

单位：万元

地　　区	R&D 经费内部支出	基础研究	应用研究	试验发展
全　　国	**22 601 761**	**3 373 998**	**6 420 591**	**12 807 173**
京津冀合计	**8 151 470**	**1 416 597**	**2 387 616**	**4 347 258**
北京	7 301 166	1 366 529	2 164 983	3 769 654
天津	466 425	39 078	139 748	287 600
河北	383 879	10 990	82 885	290 004
京津冀占比（%）	**36.1**	**42.0**	**37.2**	**33.9**

3-5 京津冀研究与开发机构 R&D 经费内部支出按支出用途分布（2016 年）

单位：万元

地　　区	R&D 经费内部支出	日常性支出	# 人员劳务费	资产性支出	# 仪器和设备支出
全　　国	**22 601 761**	**18 081 185**	**4 739 242**	**4 520 577**	**2 946 161**
京津冀合计	**8 151 470**	**6 531 515**	**1 585 989**	**1 619 955**	**1 140 809**
北京	7 301 166	5 871 000	1 434 615	1 430 166	999 017
天津	466 425	372 951	100 694	93 474	75 913
河北	383 879	287 564	50 680	96 315	65 879
京津冀占比（%）	**36.1**	**36.1**	**33.5**	**35.8**	**38.7**

3-6 京津冀研究与开发机构 R&D 经费内部支出按资金来源分布（2016 年）

单位：万元

地　　区	R&D 经费内部支出	政府资金	企业资金	国外资金	其他资金
全　　国	**22 601 761**	**18 516 001**	**904 371**	**38 967**	**3 142 422**
京津冀合计	**8 151 470**	**7 054 029**	**255 410**	**17 261**	**824 770**
北京	7 301 166	6 313 337	238 991	16 890	731 948
天津	466 425	376 857	15 749	343	73 476
河北	383 879	363 835	670	28	19 346
京津冀占比（%）	**36.1**	**38.2**	**28.2**	**44.3**	**26.2**

3-7 京津冀研究与开发机构 R&D 经费外部支出（2016 年）

单位：万元

地　　区	R&D 经费外部支出	对境内研究机构支出	对境内高等学校支出	对境内企业支出	对境外机构支出
全　　国	**866745**	**417469**	**87189**	**170425**	**169**
京津冀合计	**431085**	**236341**	**34522**	**72568**	**74**
北京	418449	229617	33054	68204	74
天津	11175	5444	1300	4351	
河北	1461	1280	168	13	
京津冀占比（%）	**49.7**	**56.6**	**39.6**	**42.6**	**43.8**

3-8 京津冀研究与开发机构 R&D 课题（2016 年）

地　　区	R&D 课题数（项）	投入人员（人年）	投入经费（万元）
全　　国	**100 925**	**343 624**	**15 925 368**
京津冀合计	**30 885**	**105 457**	**5 760 615**
北京	28 437	87 397	5 164 345
天津	1584	9927	346 503
河北	864	8132	249 768
京津冀占比（%）	**30.6**	**30.7**	**36.2**

3-9 京津冀研究与开发机构科技产出（2016年）

地区	发表科技论文（篇）	#国外发表	出版科技著作（种）	专利申请数（件）	#发明专利
全国	**175 169**	**50 010**	**5714**	**52 331**	**39 854**
京津冀合计	**63 023**	**21 277**	**2680**	**15 533**	**12 901**
北京	57 698	20 751	2529	13 454	11 353
天津	2757	322	69	1352	1035
河北	2568	204	82	727	513
京津冀占比（%）	**36.0**	**42.5**	**46.9**	**29.7**	**32.4**

续表

地区	有效发明专利数（件）	专利所有权转让及许可数（件）	专利所有权转让及许可收入（万元）	形成国家或行业标准数（项）
全国	**107 718**	**1723**	**86 283**	**3425**
京津冀合计	**40 786**	**800**	**39 241**	**1512**
北京	36 608	758	35 769	1394
天津	2600	21	2993	71
河北	1578	21	479	47
京津冀占比（%）	**37.9**	**46.4**	**45.5**	**44.1**

（2）地方部门属研究与开发机构

3-10 京津冀地方部门属研究与开发机构基本情况（2011—2016年）

地 区	2011年	2012年	2013年	2014年	2015年	2016年
机构数（个）						
全 国	2987	2964	2940	2957	2935	2877
京津冀合计	158	159	158	160	162	162
北京	49	50	50	51	51	49
天津	42	41	40	40	40	41
河北	67	68	68	69	71	72
京津冀占比（%）	5.3	5.4	5.4	5.4	5.5	5.6
从业人员（人）						
全 国	221 490	224 285	225 923	230 510	232 168	235 142
京津冀合计	13 934	14 076	14 319	14 411	14 635	14 536
北京	6740	6975	7182	7325	7494	7355
天津	3384	3232	3252	3235	3177	3234
河北	3810	3869	3885	3851	3964	3947
京津冀占比（%）	6.3	6.3	6.3	6.3	6.3	6.2
R&D人员折合全时当量（人年）						
全 国	67 653	71 663	76 800	80 300	85 510	86 198
京津冀合计	4775	5342	5737	6642	6792	6648
北京	2512	2993	3200	3855	3949	3863
天津	1254	1267	1326	1420	1396	1485
河北	1009	1082	1211	1367	1447	1300
京津冀占比（%）	7.1	7.5	7.5	8.3	7.9	7.7
R&D经费内部支出（万元）						
全 国	1 301 334	1 557 537	1 747 069	2 043 039	2 454 198	2 740 343
京津冀合计	165 493	173 052	180 516	264 589	284 094	322 785
北京	100 300	104 940	105 488	175 812	185 666	211 628
天津	42 472	41 951	45 678	48 338	53 739	62 302
河北	22 721	26 161	29 350	40 439	44 689	48 855
京津冀占比（%）	12.7	11.1	10.3	13.0	11.6	11.8

续表

地　区	2011 年	2012 年	2013 年	2014 年	2015 年	2016 年
专利申请数（件）						
全　国	3817	4929	5870	6940	8760	11 145
京津冀合计	628	581	725	653	829	863
北京	277	302	539	386	580	490
天津	304	171	80	141	131	143
河北	47	108	106	126	118	230
京津冀占比（%）	16.5	11.8	12.4	9.4	9.5	7.7
有效发明专利数（件）						
全　国	3922	6483	8410	10 276	12 953	17 205
京津冀合计	612	743	1042	1162	1339	1966
北京	181	274	517	598	816	1245
天津	311	298	337	344	308	428
河北	120	171	188	220	215	293
京津冀占比（%）	15.6	11.5	12.4	11.3	10.3	11.4

3–11　京津冀地方部门属研究与开发机构 R&D 人员（2016 年）

单位：人

地　区	R&D 人员合计					
		# 女性	# 博士毕业	# 硕士毕业	# 本科毕业	# 全时人员
全　国	**105 472**	**41 918**	**12 917**	**33 658**	**42 457**	**72 600**
京津冀合计	**8188**	**4097**	**1799**	**2612**	**2946**	**5477**
北京	4740	2448	1282	1443	1500	3169
天津	1783	871	278	609	747	1172
河北	1665	778	239	560	699	1136
京津冀占比（%）	**7.8**	**9.8**	**13.9**	**7.8**	**6.9**	**7.5**

3-12　京津冀地方部门属研究与开发机构 R&D 全时人员按活动类型分布（2016 年）

单位：人年

地　　区	R&D 人员折合全时当量	# 研究人员	基础研究	应用研究	试验发展
全　　国	**86 198**	**54 695**	**14 998**	**26 628**	**44 572**
京津冀合计	**6648**	**4041**	**1184**	**2018**	**3446**
北京	3863	2119	917	1331	1615
天津	1485	938	157	441	887
河北	1300	984	110	246	944
京津冀占比（%）	**7.7**	**7.4**	**7.9**	**7.6**	**7.7**

3-13　京津冀地方部门属研究与开发机构 R&D 经费内部支出按活动类型分布（2016 年）

单位：万元

地　　区	R&D 经费内部支出	基础研究	应用研究	试验发展
全　　国	**2 740 343**	**433 087**	**807 776**	**1 499 479**
京津冀合计	**322 785**	**57 117**	**86 255**	**179 413**
北京	211 628	50 079	63 482	98 067
天津	62 302	4775	13 800	43 727
河北	48 855	2263	8973	37 619
京津冀占比（%）	**11.8**	**13.2**	**10.7**	**12.0**

3-14　京津冀地方部门属研究与开发机构 R&D 经费内部支出按支出用途分布（2016 年）

单位：万元

地　　区	R&D 经费内部支出	日常性支出	# 人员劳务费	资产性支出	# 仪器和设备支出
全　　国	**2 740 343**	**2 186 461**	**1 096 480**	**553 881**	**384 669**
京津冀合计	**322 785**	**254 302**	**115 151**	**68 483**	**65 434**
北京	211 628	167 422	77 238	44 205	42 397
天津	62 302	47 806	23 084	14 496	14 339
河北	48 855	39 074	14 829	9782	8698
京津冀占比（%）	**11.8**	**11.6**	**10.5**	**12.4**	**17.0**

3-15 京津冀地方部门属研究与开发机构 R&D 经费内部支出按资金来源分布（2016 年）

单位：万元

地区	R&D 经费内部支出	政府资金	企业资金	国外资金	其他资金
全　　国	**2 740 343**	**2 130 512**	**75 632**	**4927**	**529 272**
京津冀合计	**322 785**	**268 475**	**5767**	**1020**	**47 523**
北京	211 628	179 779	4410	649	26 789
天津	62 302	41 252	1215	343	19 493
河北	48 855	47 444	143	28	1241
京津冀占比（%）	**11.8**	**12.6**	**7.6**	**20.7**	**9.0**

3-16 京津冀地方部门属研究与开发机构 R&D 课题（2016 年）

地区	R&D 课题数（项）	投入人员（人年）	投入经费（万元）
全　　国	**35 621**	**71 561**	**1 360 145**
京津冀合计	**2990**	**5262**	**158 380**
北京	1773	3013	106 738
天津	585	1218	34 250
河北	632	1031	17 392
京津冀占比（%）	**8.4**	**7.4**	**11.6**

3-17 京津冀地方部门属研究与开发机构科技产出（2016 年）

地区	发表科技论文（篇）	# 国外发表	出版科技著作（种）	专利申请数（件）	# 发明专利
全　　国	**65 839**	**6873**	**2727**	**11 145**	**6640**
京津冀合计	**7119**	**1297**	**365**	**863**	**587**
北京	4204	1125	258	490	346
天津	1273	33	43	143	91
河北	1642	139	64	230	150
京津冀占比（%）	**10.8**	**18.9**	**13.4**	**7.7**	**8.8**

续表

地　区	有效发明专利数（件）	专利所有权转让及许可数（件）	专利所有权转让及许可收入（万元）	形成国家或行业标准数（项）
全　国	**17 205**	**290**	**10 006**	**1273**
京津冀合计	**1966**	**38**	**3253**	**109**
北京	1245	15	2854	62
天津	428	5	10	1
河北	293	18	389	46
京津冀占比（%）	**11.4**	**13.1**	**32.5**	**8.6**

4 工业企业

4-1 京津冀规模以上工业企业基本情况（2011—2016 年）

地　　区	2011 年	2012 年	2013 年	2014 年	2015 年	2016 年
企业数（个）						
全　　国	325 753	343 769	369 741	377 868	383 153	378 579
京津冀合计	20 325	21 394	23 108	23 974	24 378	23 302
北京	3746	3692	3641	3686	3548	3340
天津	5009	5342	5499	5489	5525	5198
河北	11 570	12 360	13 968	14 799	15 305	14 764
京津冀占比（%）	6.2	6.2	6.2	6.3	6.4	6.2
有研发机构的企业数（个）						
全　　国	25 454	38 864	43 055	47 689	52 833	61 765
京津冀合计	1500	1927	2050	2269	2582	2542
北京	561	595	498	654	661	607
天津	496	639	775	696	891	812
河北	443	693	777	919	1030	1123
京津冀占比（%）	5.9	5.0	4.8	4.8	4.9	4.1
有 R&D 活动的企业数（个）						
全　　国	37 467	47 204	54 832	63 676	73 570	86 891
京津冀合计	2624	3021	3644	4272	4613	4907
北京	931	984	1059	1140	1141	1155
天津	1037	1272	1732	2046	2084	2051
河北	656	765	853	1086	1388	1701
京津冀占比（%）	7.0	6.4	6.6	6.7	6.3	5.6
R&D 人员折合全时当量（人年）						
全　　国	1 939 075	2 246 179	2 493 958	2 641 578	2 638 290	2 702 489
京津冀合计	149 155	170 170	191 260	211 917	214 516	212 450
北京	49 829	53 510	58 036	57 761	50 773	51 143
天津	47 828	60 681	68 175	79 014	84 291	78 336
河北	51 498	55 979	65 049	75 142	79 452	82 971
京津冀占比（%）	7.7	7.6	7.7	8.0	8.1	7.9

续表

地　　区	2011 年	2012 年	2013 年	2014 年	2015 年	2016 年
R&D 经费内部支出（亿元）						
全　　国	5993.8	7200.7	8318.4	9254.3	10 013.9	10 944.7
京津冀合计	534.3	651.3	745.8	817.0	882.6	913.5
北京	164.9	197.3	213.1	233.5	244.1	254.8
天津	210.8	255.9	300.0	322.8	352.7	350.0
河北	158.6	198.1	232.7	260.7	285.8	308.7
京津冀占比（%）	8.9	9.0	9.0	8.8	8.8	8.3
主营业务收入（亿元）						
全　　国	843 954.9	929 291.5	1 037 289.3	1 106 884.2	1 110 064.7	1 158 993.5
京津冀合计	77 056.0	84 194.7	91 837.6	95 058.6	92 555.8	92 920.6
北京	15 753.4	16 905.1	18 688.6	19 776.7	18 864.9	19 707.4
天津	21 101.6	23 645.7	26 803.3	28 048.2	27 969.6	25 884.6
河北	40 201.0	43 643.8	46 345.7	47 233.7	45 721.3	47 328.6
京津冀占比（%）	9.1	9.1	8.9	8.6	8.3	8.0

4-2 京津冀规模以上工业企业生产经营情况（2016 年）

单位：亿元

地　　区	资产总计	主营业务收入		利润总额
			# 新产品	
全　　国	**1 085 445.2**	**1 158 993.5**	**174 604.2**	**71 900.1**
京津冀合计	**112 692.0**	**92 920.6**	**13 651.8**	**6471.1**
北京	43 044.3	19 707.4	4085.9	1608.5
天津	25 060.6	25 884.6	5642.8	2047.1
河北	44 587.1	47 328.6	3923.1	2815.5
京津冀占比（%）	**10.4**	**8.0**	**7.8**	**9.0**

4-3 京津冀规模以上工业企业 R&D 人员（2016 年）

地　　区	R&D 人员（人）		R&D 人员折合全时当量（人年）	
		# 女性		# 研究人员
全　　国	**3 867 344**	**858 521**	**2 702 489**	**908 031**
京津冀合计	**304 251**	**72 630**	**212 450**	**78 706**
北京	70 658	19 204	51 143	22 118
天津	111 262	26 543	78 336	26 643
河北	122 331	26 883	82 971	29 945
京津冀占比（%）	**7.9**	**8.5**	**7.9**	**8.7**

4-4 京津冀规模以上工业企业 R&D 经费内部支出（2016 年）

单位：亿元

地 区	R&D 经费内部支出	#试验发展支出	日常性支出	#人员劳务费
全 国	**10 944.7**	**10 648.1**	**9748.6**	**3277.4**
京津冀合计	**913.5**	**890.3**	**812.3**	**279.8**
北京	254.8	251.6	240.7	103.1
天津	350.0	343.9	300.8	90.1
河北	308.7	294.8	270.8	86.6
京津冀占比（%）	**8.3**	**8.4**	**8.3**	**8.5**

续表

地 区	资产性支出	#仪器和设备	政府资金	企业资金	境外资金	其他资金
全 国	**1196.1**	**1171.5**	**403.8**	**10 405.3**	**41.1**	**94.6**
京津冀合计	**101.2**	**98.9**	**33.1**	**853.9**	**14.9**	**11.7**
北京	14.1	13.9	19.5	227.5	1.5	6.4
天津	49.2	47.8	6.5	329.1	13.3	1.1
河北	37.9	37.2	7.1	297.3	0.1	4.2
京津冀占比（%）	**8.5**	**8.4**	**8.2**	**8.2**	**36.3**	**12.4**

4-5 京津冀规模以上工业企业 R&D 经费外部支出（2016 年）

单位：万元

地 区	R&D 经费外部支出	#对境内研究机构支出	#对境内高等学校支出
全 国	**6 049 317**	**2 849 635**	**702 654**
京津冀合计	**581 610**	**286 997**	**50 953**
北京	257 791	137 073	6155
天津	182 092	108 657	13 990
河北	141 727	41 267	30 808
京津冀占比（%）	**9.6**	**10.1**	**7.3**

4-6 京津冀规模以上工业企业 R&D 项目情况（2016 年）

地　　区	项目数（项）	项目人员折合全时当量（人年）	项目经费支出（亿元）
全　　国	**360 997**	**2 467 758**	**10 064.3**
京津冀合计	**28 814**	**187 620**	**799.3**
北京	7262	44 066	206.8
天津	12 019	69 869	316.5
河北	9533	73 685	275.9
京津冀占比（%）	**8.0**	**7.6**	**7.9**

4-7 京津冀规模以上工业企业办研发机构情况（2016 年）

地　　区	机构数（个）	机构人员（人）		机构经费支出（亿元）	仪器和设备原价（亿元）
			# 博士和硕士		
全　　国	**72 963**	**2 923 953**	**411 715**	**7664.5**	**7356.5**
京津冀合计	**3085**	**180 930**	**30 539**	**448.7**	**394.9**
北京	749	52 325	13 333	191.3	91.0
天津	951	46 300	6694	101.9	168.2
河北	1385	82 305	10 512	155.5	135.6
京津冀占比（%）	**4.2**	**6.2**	**7.4**	**5.9**	**5.4**

4-8 京津冀规模以上工业企业新产品开发和销售（2016 年）

地　　区	新产品开发项目数（项）	新产品开发经费支出（亿元）	新产品销售收入（亿元）	
				# 出口
全　　国	**391 872**	**11 766.3**	**174 604.2**	**32 713.1**
京津冀合计	**29 499**	**870.9**	**13 651.8**	**1747.8**
北京	10 304	322.6	4085.9	277.3
天津	10 767	285.6	5642.8	1037.6
河北	8428	262.7	3923.1	432.9
京津冀占比（%）	**7.5**	**7.4**	**7.8**	**5.3**

4-9 京津冀规模以上工业企业专利（2016年）

单位：件

地　　区	专利申请数	#发明专利	有效发明专利数
全　　国	**715 397**	**286 987**	**769 847**
京津冀合计	**50 424**	**20 812**	**63 385**
北京	20 065	9392	28 290
天津	17 170	7300	22 021
河北	13 189	4120	13 074
京津冀占比（%）	**7.0**	**7.3**	**8.2**

4-10 京津冀规模以上工业企业技术获取和技术改造（2016年）

单位：亿元

地　　区	引进技术经费支出	消化吸收经费支出	购买境内技术经费支出	技术改造经费支出
全　　国	**475.4**	**109.3**	**208.0**	**3016.6**
京津冀合计	**40.2**	**9.6**	**7.6**	**191.4**
北京	32.1	7.2	5.6	57.7
天津	6.0	1.1	0.5	27.7
河北	2.1	1.3	1.5	106.0
京津冀占比（%）	**8.5**	**8.8**	**3.7**	**6.3**

5

2018 京津冀科技统计年鉴

高等学校

5-1 京津冀高等学校基本情况（2011—2016 年）

地　　区	2011 年	2012 年	2013 年	2014 年	2015 年	2016 年
R&D 人员折合全时当量（人年）						
全　　国	299 296	313 520	324 751	334 794	354 861	360 049
京津冀合计	46 931	49 069	45 961	53 771	55 865	53 364
北京	30 179	31 240	29 495	33 557	34 460	32 327
天津	9036	9544	9459	11 159	11 369	10 355
河北	7716	8285	7007	9055	10 036	10 682
京津冀占比（%）	15.7	15.7	14.2	16.1	15.7	14.8
R&D 经费内部支出（亿元）						
全　　国	688.9	780.6	856.7	898.1	998.6	1072.2
京津冀合计	163.6	186.8	197.6	214.0	236.5	240.0
北京	123.4	136.9	136.6	145.7	162.6	160.4
天津	31.8	40.3	50.8	57.1	61.2	63.7
河北	8.4	9.6	10.2	11.2	12.7	15.9
京津冀占比（%）	23.7	23.9	23.1	23.8	23.7	22.4
R&D 课题数（项）						
全　　国	604 107	657 027	711 010	766 731	841 520	894 279
京津冀合计	98 667	102 596	112 015	122 460	134 439	137 159
北京	68 025	69 557	76 331	83 455	92 243	91 089
天津	15 720	16 763	18 875	20 268	21 801	22 503
河北	14 922	16 276	16 809	18 737	20 395	23 567
京津冀占比（%）	16.3	15.6	15.8	16.0	16.0	15.3
发表科技论文（篇）						
全　　国	1 109 965	1 117 742	1 127 210	1 152 147	1 220 467	1 267 881
京津冀合计	163 420	168 607	171 094	173 134	182 167	184 357
北京	108 838	112 949	113 220	115 143	118 985	118 193
天津	23 440	23 155	26 869	28 769	32 619	29 977
河北	31 142	32 503	31 005	29 222	30 563	36 187
京津冀占比（%）	14.7	15.1	15.2	15.0	14.9	14.5

续表

地　　区	2011 年	2012 年	2013 年	2014 年	2015 年	2016 年
专利申请数（件）						
全　　国	95 592	113 430	133 865	149 961	190 351	236 665
京津冀合计	13 674	15 897	31 945	18 534	22 206	25 838
北京	9413	10 327	26 178	11 503	13 363	14 960
天津	3105	3743	4442	5281	5691	6044
河北	1156	1827	1325	1750	3152	4834
京津冀占比（%）	14.3	14.0	23.9	12.4	11.7	10.9
有效发明专利数（件）						
全　　国	148 947	117 000	138 893	157 971	201 492	245 289
京津冀合计	28 747	26 683	31 574	35 457	46 299	49 548
北京	21 819	21 859	26 165	29 344	38 050	39 047
天津	4017	3376	4299	5023	6223	7004
河北	2911	1448	1110	1090	2026	3497
京津冀占比（%）	19.3	22.8	22.7	22.4	23.0	20.2

5-2　京津冀高等学校 R&D 人员（2016 年）

地　　区	学校数（个）	从业人员（人）	R&D 人员合计（人）	
				# 女性
全　　国	**2596**	**3 100 175**	**851 764**	**358 727**
京津冀合计	**266**	**374 412**	**131 242**	**59 192**
北京	91	178 872	77 397	32 549
天津	55	61 500	23 397	10 287
河北	120	134 040	30 448	16 356
京津冀占比（%）	**10.2**	**12.1**	**15.4**	**16.5**

续表 1

地　　区	# 博士毕业	# 硕士毕业	# 本科毕业	# 全时人员
全　　国	**248 105**	**346 325**	**222 857**	**317 379**
京津冀合计	**43 374**	**48 175**	**31 831**	**46 374**
北京	30 695	24 188	16 610	29 946
天津	7852	9248	5628	8738
河北	4827	14 739	9593	7690
京津冀占比（%）	**17.5**	**13.9**	**14.3**	**14.6**

续表 2

地　区	R&D 人员折合全时当量（人年）	# 研究人员	基础研究	应用研究	试验发展
全　国	**360 049**	**307 923**	**167 053**	**172 534**	**20 463**
京津冀合计	**53 364**	**45 046**	**22 281**	**29 428**	**1654**
北京	32 327	26 630	13 258	18 231	839
天津	10 355	8910	4190	5577	587
河北	10 682	9506	4833	5620	228
京津冀占比（%）	**14.8**	**14.6**	**13.3**	**17.1**	**8.1**

5-3　京津冀高等学校 R&D 经费内部支出按活动类型分布（2016 年）

单位：万元

地　区	R&D 经费内部支出	基础研究	应用研究	试验发展
全　国	**10 722 401**	**4 324 636**	**5 284 030**	**1 113 735**
京津冀合计	**2 400 567**	**965 580**	**1 269 323**	**165 664**
北京	1 604 357	645 067	850 159	109 130
天津	637 203	256 359	329 554	51 291
河北	159 007	64 154	89 610	5243
京津冀占比（%）	**22.4**	**22.3**	**24.0**	**14.9**

5-4　京津冀高等学校 R&D 经费内部支出按支出用途分布（2016 年）

单位：万元

地　区	R&D 经费内部支出	日常性支出	# 人员劳务费	资产性支出	# 仪器和设备支出
全　国	**10 722 401**	**8 612 991**	**1 850 783**	**2 109 410**	**1 593 546**
京津冀合计	**2 400 567**	**1 851 253**	**333 860**	**549 312**	**314 943**
北京	1 604 357	1 374 138	251 358	230 218	211 543
天津	637 203	357 239	49 905	279 964	69 948
河北	159 007	119 876	32 597	39 130	33 452
京津冀占比（%）	**22.4**	**21.5**	**18.0**	**26.0**	**19.8**

5-5 京津冀高等学校 R&D 经费外部支出按经费来源分布（2016 年）

单位：万元

地　　区	R&D 经费内部支出	政府资金	企业资金	国外资金	其他资金
全　　国	**10 722 401**	**6 877 541**	**3 104 880**	**61 141**	**678 839**
京津冀合计	**2 400 567**	**1 585 049**	**715 787**	**37 520**	**62 211**
北京	1 604 357	1 079 835	473 306	34 170	17 045
天津	637 203	403 211	204 292	3275	26 426
河北	159 007	102 003	38 189	75	18 740
京津冀占比（%）	**22.4**	**23.0**	**23.1**	**61.4**	**9.2**

5-6 京津冀高等学校 R&D 课题（2016 年）

地　　区	R&D 课题数（项）	投入人员（人年）	投入经费（万元）
全　　国	**894 279**	**359 837**	**7 772 226**
京津冀合计	**137 159**	**53 273**	**1 746 912**
北京	91 089	32 260	1 219 307
天津	22 503	10 343	444 077
河北	23 567	10 670	83 528
京津冀占比（%）	**15.3**	**14.8**	**22.5**

5-7 京津冀高等学校科技产出（2016 年）

地　　区	发表科技论文（篇）	# 国外发表	出版科技著作（种）	专利申请数（件）	# 发明专利
全　　国	**1 267 881**	**355 483**	**44 518**	**236 665**	**137 755**
京津冀合计	**184 357**	**57 882**	**7589**	**25 838**	**18 503**
北京	118 193	39 384	5354	14 960	12 308
天津	29 977	11 683	681	6044	4312
河北	36 187	6815	1554	4834	1883
京津冀占比（%）	**14.5**	**16.3**	**17.0**	**10.9**	**13.4**

续表

地　　区	有效发明专利数（件）	专利所有权转让及许可数（件）	专利所有权转让及许可收入（万元）	形成国家或行业标准数（项）
全　　国	**245 289**	**4839**	**121 543**	**571**
京津冀合计	**49 548**	**849**	**52 792**	**270**
北京	39 047	745	51 870	265
天津	7004	47	347	0
河北	3497	57	575	5
京津冀占比（%）	**20.2**	**17.5**	**43.4**	**47.3**

6 高技术产业

6-1 京津冀高技术产业基本情况（2011—2016 年）

地　区	2011 年	2012 年	2013 年	2014 年	2015 年	2016 年
企业数（个）						
全　国	21 682	24 636	26 894	27 939	29 631	30 798
京津冀合计	1604	1780	1871	1944	2029	1961
北京	737	760	782	805	805	795
天津	497	587	585	583	591	533
河北	370	433	504	556	633	633
京津冀占比（%）	7.4	7.2	7.0	7.0	6.8	6.4
研发机构数（个）						
全　国	5941	9708	8972	9785	11 265	13 741
京津冀合计	447	547	496	568	619	608
北京	256	287	250	304	313	293
天津	113	150	124	116	139	133
河北	78	110	122	148	167	182
京津冀占比（%）	7.5	5.6	5.5	5.8	5.5	4.4
R&D 人员折合全时当量（人年）						
全　国	511 175	623 249	670 222	701 440	726 983	730 681
京津冀合计	35 203	39 668	45 909	50 759	60 698	54 898
北京	18 049	20 408	23 707	23 741	22 344	23 138
天津	10 521	11 622	13 242	16 062	24 660	17 609
河北	6633	7638	8960	10 956	13 694	14 151
京津冀占比（%）	6.9	6.4	6.8	7.2	8.3	7.5
R&D 经费内部支出（亿元）						
全　国	1440.9	1733.8	2034.3	2274.3	2626.7	2916.7
京津冀合计	118.1	146.8	173.3	191.6	241.1	240.7
北京	74.2	92.2	106.5	110.8	120.2	129.9
天津	32.1	39.2	45.1	51.0	82.2	69.9
河北	11.8	15.4	21.7	29.8	38.7	40.9
京津冀占比（%）	8.2	8.5	8.5	8.4	9.2	8.3

续表

地　　区	2011 年	2012 年	2013 年	2014 年	2015 年	2016 年
主营业务收入（亿元）						
全　　国	87 527.2	102 284.0	116 048.9	127 367.7	139 968.6	153 796.3
京津冀合计	7065.1	8301.3	9450.6	9942.3	9937.0	9907.1
北京	3326.3	3569.9	3826.1	4151.6	3997.0	4308.5
天津	2697.4	3526.9	4243.5	4282.0	4234.0	3762.5
河北	1041.4	1204.5	1381.0	1508.7	1706.0	1836.1
京津冀占比（%）	8.1	8.1	8.1	7.8	7.1	6.4

6-2　京津冀高技术产业生产经营及 R&D 项目（2016 年）

地　　区	R&D 项目数（项）	R&D 项目经费（亿元）	利润总额（亿元）	出口交货值（亿元）
全　　国	**80 029**	**2685.5**	**10 301.8**	**52 444.6**
京津冀合计	**7095**	**192.8**	**779.8**	**2060.9**
北京	3050	101.5	321.0	645.4
天津	2469	59.1	296.2	1224.2
河北	1576	32.2	162.6	191.3
京津冀占比（%）	**8.9**	**7.2**	**7.6**	**3.9**

6-3　京津冀高技术产业 R&D 人员（2016 年）

地　　区	有 R&D 活动的企业数（个）	R&D 人员（人）		
			# 全时人员	# 研究人员
全　　国	**14 830**	**988 100**	**778 666**	**368 683**
京津冀合计	**992**	**72 698**	**57 859**	**30 297**
北京	476	29 802	24 761	13 248
天津	276	24 384	19 120	9832
河北	240	18 512	13 978	7217
京津冀占比（%）	**6.7**	**7.4**	**7.4**	**8.2**

6-4 京津冀高技术产业新产品开发及销售（2016 年）

地　区	新产品开发项目数（项）	新产品开发经费支出（亿元）	新产品销售收入（亿元）	
				# 出口
全　　国	**93 141**	**3558.9**	**47 924.2**	**18 166.4**
京津冀合计	**8186**	**250.2**	**3756.3**	**938.3**
北京	4392	157.2	1768.4	183.3
天津	2281	54.0	1598.9	685.3
河北	1513	39.0	389.0	69.7
京津冀占比（%）	**8.8**	**7.0**	**7.8**	**5.2**

6-5 京津冀高技术产业 R&D 经费（2016 年）

单位：亿元

地　区	R&D 经费内部支出					R&D 经费外部支出
		# 人员劳务费	# 仪器和设备	# 政府资金	# 企业资金	
全　　国	**2915.7**	**1133.9**	**255.4**	**213.1**	**2660.6**	**268.6**
京津冀合计	**240.7**	**89.2**	**23.1**	**23.3**	**202.6**	**33.8**
北京	129.9	51.5	8.7	17.2	106.6	16.5
天津	69.9	26.1	8.0	3.2	58.2	13.3
河北	40.9	11.6	6.4	2.9	37.8	4.0
京津冀占比（%）	**8.3**	**7.9**	**9.0**	**10.9**	**7.6**	**12.6**

6-6 京津冀高技术产业专利（2016 年）

单位：件

地　区	专利申请数		有效发明专利数
		# 发明专利	
全　　国	**185 913**	**101 835**	**316 694**
京津冀合计	**11 310**	**6370**	**24 810**
北京	6775	4114	16 129
天津	2982	1547	6078
河北	1553	709	2603
京津冀占比（%）	**6.1**	**6.3**	**7.8**

6-7　京津冀高技术产业技术获取及技术改造（2016 年）

单位：万元

地　　区	技术引进经费支出	消化吸收经费支出	购买境内技术经费支出	技术改造经费支出
全　　国	**1 032 126**	**93 187**	**811 233**	**4 516 529**
京津冀合计	**76 652**	**6703**	**16 279**	**84 112**
北京	42 185	362	5817	40 906
天津	30 738	2000	2906	10 947
河北	3729	4341	7556	32 259
京津冀占比（%）	**7.4**	**7.2**	**2.0**	**1.9**

6-8　京津冀高技术产业企业办研发机构情况（2016 年）

地　　区	有研发机构的企业数（个）	机构数（个）	机构人员（人）	机构经费支出（亿元）	
					# 仪器和设备
全　　国	**10 827**	**13 741**	**879 430**	**2587.1**	**1775.0**
京津冀合计	**496**	**608**	**42 735**	**132.3**	**121.0**
北京	231	293	18 818	80.0	48.6
天津	106	133	12 237	31.4	49.3
河北	159	182	11 680	20.9	23.1
京津冀占比（%）	**4.6**	**4.4**	**4.9**	**5.1**	**6.8**

6-9　京津冀高技术产业投资（2016 年）

地　　区	施工项目数（个）		全部建成投产项目数（个）	投资额（亿元）	新增固定资产（亿元）
		# 新开工项目数			
全　　国	**23 715**	**17 498**	**14 949**	**22 786.7**	**13 140.3**
京津冀合计	**1326**	**982**	**668**	**1603.1**	**1085.8**
北京	132	21	23	193.9	88.5
天津	628	536	269	429.8	228.4
河北	566	425	376	979.4	768.9
京津冀占比（%）	**5.6**	**5.6**	**4.5**	**7.0**	**8.3**

6-10 京津冀高技术产品进出口贸易（2016 年）

单位：亿美元

地　　区	出口贸易额	进口贸易额	进出口贸易总额
全　　国	**6041.7**	**5237.2**	**11 279.0**
京津冀合计	**285.5**	**500.9**	**786.5**
北京	113.2	255.0	368.1
天津	153.4	235.2	388.7
河北	18.9	10.7	29.7
京津冀占比（%）	**4.7**	**9.6**	**7.0**

7

2018/京津冀科技统计年鉴

创新产出

7-1 京津冀国内三种专利申请受理数按地区分布（2011—2016 年）

单位：件

年　度	地　区	发　明	实用新型	外观设计
2011	**全　国**	**415 829**	**581 303**	**507 538**
	京津冀合计	**60 331**	**55 080**	**18 628**
	北京	45 057	26 615	6283
	天津	10 623	18 042	9824
	河北	4651	10 423	2521
	京津冀占比（%）	**14.5**	**9.5**	**3.7**
2012	**全　国**	**535 313**	**734 437**	**642 401**
	京津冀合计	**72 415**	**68 318**	**15 822**
	北京	52 720	32 609	6976
	天津	13 587	22 074	5348
	河北	6108	13 635	3498
	京津冀占比（%）	**13.5**	**9.3**	**2.5**
2013	**全　国**	**704 936**	**885 226**	**644 398**
	京津冀合计	**96 829**	**97 501**	**17 540**
	北京	67 554	47 586	8196
	天津	21 946	34 134	4835
	河北	7329	15 781	4509
	京津冀占比（%）	**13.7**	**11.0**	**2.7**
2014	**全　国**	**801 135**	**861 053**	**548 428**
	京津冀合计	**109 852**	**99 989**	**21 692**
	北京	78 129	48 228	11 754
	天津	23 391	35 068	4963
	河北	8332	16 693	4975
	京津冀占比（%）	**13.7**	**11.6**	**4.0**
2015	**全　国**	**968 251**	**1 119 714**	**551 481**
	京津冀合计	**128 699**	**124 734**	**26 902**
	北京	88 930	53 243	14 139
	天津	28 510	46 845	4608
	河北	11 259	24 646	8155
	京津冀占比（%）	**13.3**	**11.1**	**4.9**
2016	**全　国**	**1 204 981**	**1 468 295**	**631 949**
	京津冀合计	**156 937**	**158 338**	**35 206**
	北京	104 643	64 496	19 990
	天津	38 153	63 589	4772
	河北	14 141	30 253	10 444
	京津冀占比（%）	**13.0**	**10.8**	**5.6**

7-2 京津冀国内三种专利申请授权数按地区分布（2011—2016 年）

单位：件

年　度	地　区	发　明	实用新型	外观设计
2011	**全　国**	**112 347**	**405 086**	**366 428**
	京津冀合计	**19 877**	**36 079**	**10 033**
	北京	15 880	19 628	5380
	天津	2528	8961	2493
	河北	1469	7490	2160
	京津冀占比（%）	**17.7**	**8.9**	**2.7**
2012	**全　国**	**143 847**	**566 750**	**452 629**
	京津冀合计	**25 399**	**49 144**	**11 065**
	北京	20 140	24 672	5699
	天津	3326	13 677	2779
	河北	1933	10 795	2587
	京津冀占比（%）	**17.7**	**8.7**	**2.4**
2013	**全　国**	**143 535**	**686 208**	**398 670**
	京津冀合计	**25 844**	**68 098**	**11 771**
	北京	20 695	36 301	5675
	天津	3141	18 759	2956
	河北	2008	13 038	3140
	京津冀占比（%）	**18.0**	**9.9**	**3.0**
2014	**全　国**	**162 680**	**699 971**	**346 751**
	京津冀合计	**28 802**	**78 446**	**13 896**
	北京	23 237	44 071	7353
	天津	3279	20 122	2950
	河北	2286	14 253	3593
	京津冀占比（%）	**17.7**	**11.2**	**4.0**
2015	**全　国**	**263 436**	**868 734**	**464 807**
	京津冀合计	**43 772**	**93 362**	**24 369**
	北京	35 308	45 773	12 950
	天津	4624	28 486	4232
	河北	3840	19 103	7187
	京津冀占比（%）	**16.6**	**10.7**	**5.2**
2016	**全　国**	**302 136**	**897 035**	**429 710**
	京津冀合计	**50 034**	**95 518**	**26 586**
	北京	40 602	44 710	15 266
	天津	5185	31 046	3503
	河北	4247	19 762	7817
	京津冀占比（%）	**16.6**	**10.6**	**6.2**

7-3 京津冀国内三种专利有效数按地区分布（2011—2016 年）

单位：件

年 度	地 区	发 明	实用新型	外观设计
2011	**全 国**	**351 288**	**1 109 958**	**841 769**
	京津冀合计	**65 002**	**106 885**	**31 871**
	北京	52 522	60 727	18 006
	天津	8159	23 612	6919
	河北	4321	22 546	6946
	京津冀占比（%）	**18.5**	**9.6**	**3.8**
2012	**全 国**	**473 187**	**1 486 839**	**1 044 997**
	京津冀合计	**85 529**	**142 730**	**37 953**
	北京	69 554	79 520	21 442
	天津	10 137	33 948	8253
	河北	5838	29 262	8258
	京津冀占比（%）	**18.1**	**9.6**	**3.6**
2013	**全 国**	**586 493**	**1 917 122**	**1 132 314**
	京津冀合计	**105 139**	**193 845**	**43 580**
	北京	85 434	109 706	24 103
	天津	12 301	46 746	9493
	河北	7404	37 393	9984
	京津冀占比（%）	**17.9**	**10.1**	**3.8**
2014	**全 国**	**708 690**	**2 265 224**	**1 058 448**
	京津冀合计	**127 440**	**248 102**	**49 282**
	北京	103 638	143 723	27 306
	天津	14 736	58 611	10 281
	河北	9066	45 768	11 695
	京津冀占比（%）	**18.0**	**11.0**	**4.7**
2015	**全 国**	**921 757**	**2 700 833**	**1 169 766**
	京津冀合计	**163 812**	**306 911**	**64 328**
	北京	133 040	175 610	36 266
	天津	18 493	73 557	11 725
	河北	12 279	57 744	16 337
	京津冀占比（%）	**17.8**	**11.4**	**5.5**
2016	**全 国**	**1 158 203**	**3 118 410**	**1 250 570**
	京津冀合计	**205 140**	**362 009**	**80 450**
	北京	166 722	203 533	47 411
	天津	22 663	89 667	12 113
	河北	15 755	68 809	20 926
	京津冀占比（%）	**17.7**	**11.6**	**6.4**

7-4　京津冀国防专利情况（2011—2016 年）

单位：件

地　　区	2011 年	2012 年	2013 年	2014 年	2015 年	2016 年
国防专利申请数						
全　　国	6787	8558	10 578	4962	12 749	13 028
京津冀合计	2706	3582	4138	1960	4777	4661
北京	2390	3250	3765	1849	4227	4167
天津	167	168	154	17	282	281
河北	149	164	219	94	268	213
京津冀占比（%）	39.9	41.9	39.1	39.5	37.5	35.8
国防专利授权数						
全　　国	3514	4142	6027	10 108	10 786	6830
京津冀合计	1262	1704	2571	3935	4515	2720
北京	1167	1567	2407	3572	4087	2526
天津	44	63	62	205	176	75
河北	51	74	102	158	252	119
京津冀占比（%）	35.9	41.1	42.7	38.9	41.9	39.8
国防有效专利数						
全　　国	6992	10 340	15 126	24 336	34 575	40 812
京津冀合计	2462	3817	5916	9607	13 998	16 526
北京	2298	3541	5506	8845	12 819	15 164
天津	81	133	182	386	561	631
河北	83	143	228	376	618	731
京津冀占比（%）	35.2	36.9	39.1	39.5	40.5	40.5

7-5　京津冀商标注册申请与注册（2016 年）

单位：件

地　　区	申请数	核准注册	1991—2016 年核准注册商标	截至 2016 年年底有效注册量
全　　国	**3 526 827**	**2 119 032**	**12 739 678**	**11 143 475**
京津冀合计	**503 795**	**291 230**	**1 518 397**	**1 319 010**
北京	372 387	213 587	1 008 245	893 743
天津	34 933	22 504	163 730	134 145
河北	96 475	55 139	346 422	291 122
京津冀占比（%）	**14.3**	**13.7**	**11.9**	**11.8**

7-6 京津冀技术市场技术流向地域按合同类别分布（合同数）（2011—2016 年）

单位：项

年 度	地 区	技术开发	技术转让	技术咨询	技术服务
2011	**全 国**	**126 420**	**11 067**	**31 581**	**87 360**
	京津冀合计	**24 329**	**1401**	**3942**	**20 970**
	北京	17 724	793	2199	15 305
	天津	3762	196	1145	3647
	河北	2843	412	598	2018
	京津冀占比（%）	**19.2**	**12.7**	**12.5**	**24.0**
2012	**全 国**	**150 178**	**11 858**	**32 582**	**87 624**
	京津冀合计	**31 780**	**1397**	**3909**	**21 582**
	北京	24 370	767	2446	15 930
	天津	4230	216	1064	3574
	河北	3180	414	399	2078
	京津冀占比（%）	**21.2**	**11.8**	**12.0**	**24.6**
2013	**全 国**	**153 959**	**11 797**	**32 564**	**96 609**
	京津冀合计	**31 865**	**1428**	**4661**	**24 512**
	北京	24 174	783	2695	17 756
	天津	4372	316	1619	4627
	河北	3319	329	347	2129
	京津冀占比（%）	**20.7**	**12.1**	**14.3**	**25.4**
2014	**全 国**	**148 946**	**12 499**	**27 911**	**107 681**
	京津冀合计	**31 443**	**1770**	**4450**	**27 061**
	北京	24 144	821	2441	19 609
	天津	4515	398	1646	5035
	河北	2784	551	363	2417
	京津冀占比（%）	**21.1**	**14.2**	**15.9**	**25.1**
2015	**全 国**	**153 433**	**12 787**	**33 559**	**107 353**
	京津冀合计	**32 746**	**1533**	**4889**	**26 400**
	北京	25 857	829	3246	20 208
	天津	4078	375	1331	3655
	河北	2811	329	312	2537
	京津冀占比（%）	**21.3**	**12.0**	**14.6**	**24.6**
2016	**全 国**	**148 582**	**12 556**	**24 447**	**134 852**
	京津冀合计	**33 089**	**1576**	**4629**	**32 754**
	北京	26 465	858	3404	24 753
	天津	3969	360	847	4436
	河北	2655	358	378	3565
	京津冀占比（%）	**22.3**	**12.6**	**18.9**	**24.3**

7-7 京津冀技术市场技术流向地域按合同类别分布（合同金额）（2011—2016 年）

单位：亿元

年 度	地 区	技术开发	技术转让	技术咨询	技术服务
2011	**全 国**	**2169.8**	**523.4**	**166.2**	**1904.1**
	京津冀合计	**419.0**	**66.8**	**27.4**	**409.1**
	北京	294.9	48.6	20.0	315.8
	天津	94.7	7.0	4.2	68.1
	河北	29.4	11.2	3.2	25.2
	京津冀占比（%）	**19.3**	**12.8**	**16.5**	**21.5**
2012	**全 国**	**2636.0**	**1020.8**	**150.2**	**2630.1**
	京津冀合计	**504.4**	**136.6**	**40.6**	**613.0**
	北京	416.9	92.0	15.6	449.9
	天津	48.7	27.8	21.5	106.9
	河北	38.8	16.8	3.5	56.2
	京津冀占比（%）	**19.1**	**13.4**	**27.0**	**23.3**
2013	**全 国**	**2773.4**	**1083.8**	**195.1**	**3416.9**
	京津冀合计	**555.6**	**80.7**	**38.8**	**602.8**
	北京	464.2	35.4	27.2	418.6
	天津	53.6	31.9	7.7	142.9
	河北	37.8	13.4	3.9	41.3
	京津冀占比（%）	**20.0**	**7.5**	**19.9**	**17.6**
2014	**全 国**	**2949.0**	**1137.2**	**244.3**	**4246.7**
	京津冀合计	**708.2**	**103.0**	**78.5**	**838.6**
	北京	575.8	35.2	58.1	565.6
	天津	87.8	41.2	14.9	196.8
	河北	44.6	26.6	5.5	76.2
	京津冀占比（%）	**24.0**	**9.1**	**32.1**	**19.7**
2015	**全 国**	**3047.2**	**1466.5**	**263.1**	**5059.0**
	京津冀合计	**609.2**	**107.2**	**58.3**	**849.0**
	北京	501.6	41.7	42.8	561.5
	天津	70.4	47.8	12.4	200.2
	河北	37.2	17.7	3.1	87.3
	京津冀占比（%）	**20.0**	**7.3**	**22.1**	**16.8**
2016	**全 国**	**3479.6**	**1607.9**	**468.3**	**5851.1**
	京津冀合计	**678.6**	**122.8**	**122.7**	**1402.5**
	北京	582.4	38.3	80.9	1051.6
	天津	58.7	63.7	30.4	236.3
	河北	37.5	20.8	11.4	114.6
	京津冀占比（%）	**19.5**	**7.6**	**26.2**	**24.0**

7-8 京津冀国外技术引进合同情况（2016 年）

地　　区	合同数（项）	合同金额（亿美元）	
			#技术费
全　　国	**6806**	**307.3**	**301.6**
京津冀合计	**787**	**33.7**	**31.8**
北京	543	22.1	20.2
天津	202	10.4	10.4
河北	42	1.2	1.2
京津冀占比（%）	**11.6**	**11.0**	**10.5**

8

2018/京津冀科技统计年鉴

国家高新技术产业开发区

8-1 京津冀国家高新区基本情况（2011—2016年）

地　　区	2011年	2012年	2013年	2014年	2015年	2016年
国家高新区数（个）						
全　　国	88	105	114	115	146	146
京津冀合计	6	7	7	7	7	7
北京	1	1	1	1	1	1
天津	1	1	1	1	1	1
河北	4	5	5	5	5	5
京津冀占比（%）	6.8	6.7	6.1	6.1	4.8	4.8
工商注册企业数（个）						
全　　国			520 486	763 191	964 750	1 405 173
京津冀合计			67 029	202 092	218 606	436 323
北京			45 260	176 398	188 398	398 845
天津			7547	8289	9076	10 790
河北			14 222	17 405	21 132	26 688
京津冀占比（%）			12.9	26.5	22.7	31.1
入统企业数（个）						
全　　国	57 033	63 926	71 180	74 275	82 712	91 093
京津冀合计	18 810	18 967	19 737	20 286	22 022	25 373
北京	15 026	14 929	15 455	15 645	16 693	19 869
天津	2795	2994	3175	3437	3963	4005
河北	989	1044	1107	1204	1366	1499
京津冀占比（%）	33.0	29.7	27.7	27.3	26.6	27.9
科技活动人员（人）						
全　　国	1 743 964	2 236 212	2 585 911	2 826 037	3 117 292	3 385 933
京津冀合计	383 222	439 537	524 760	548 283	722 562	788 586
北京	301 240	339 998	411 088	433 410	604 674	660 727
天津	38 114	49 427	62 910	62 850	61 646	66 787
河北	43 868	50 112	50 762	52 023	56 242	61 072
京津冀占比（%）	22.0	19.7	20.3	19.4	23.2	23.3

续表

地　　区	2011 年	2012 年	2013 年	2014 年	2015 年	2016 年
R&D 人员折合全时当量（人年）						
全　　国			1 159 233	1 212 774	1 130 382	1 283 327
京津冀合计			170 040	179 403	185 496	213 751
北京			124 858	125 597	138 391	148 982
天津			14 583	21 761	21 013	29 083
河北			30 599	32 045	26 092	35 686
京津冀占比（%）			14.7	14.8	16.4	16.7
科技活动经费内部支出（亿元）						
全　　国	4052.0	4700.6	5643.4	6704.4	7578.3	8524.9
京津冀合计	866.4	1028.2	1310.2	1530.5	1904.5	1991.0
北京	675.8	809.4	1034.4	1236.5	1581.8	1698.2
天津	110.5	131.2	174.4	188.0	204.6	171.0
河北	80.1	87.6	101.4	106.0	118.1	121.8
京津冀占比（%）	21.4	21.9	23.2	22.8	25.1	23.4

8-2　京津冀国家高新区企业数量及主要经济指标（2016 年）

地　　区	高新技术企业数（个）	工业总产值（亿元）	净利润（亿元）	上缴税费（亿元）	出口总额（亿元）	年末资产（亿元）	年末负债（亿元）
全　　国	**38 841**	**196 838.7**	**18 535.1**	**15 609.3**	**29 146.1**	**397 364.4**	**227 238.9**
京津冀合计	**13 385**	**17 695.7**	**4008.3**	**2802.6**	**2363.1**	**113 088.9**	**65 030.8**
北京	11 614	9937.7	3170.3	2314.1	1747.0	97 824.6	55 956.7
天津	1360	4665.7	565.8	255.7	489.8	10 079.9	6109.5
河北	411	3092.3	272.2	232.8	126.3	5184.4	2964.6
京津冀占比（%）	**34.5**	**9.0**	**21.6**	**18.0**	**8.1**	**28.5**	**28.6**

8-3 京津冀国家高新区企业收入情况（2016 年）

单位：亿元

地　　区	营业收入	#技术收入	#产品销售收入	#商品销售收入
全　　国	**276 559.4**	**26 928.2**	**205 091.4**	**27 242.0**
京津冀合计	**57 251.7**	**8390.4**	**21 933.6**	**16 576.2**
北京	46 047.6	7580.4	14 752.5	14 522.4
天津	7177.8	436.4	3869.3	1856.3
河北	4026.3	373.6	3311.8	197.5
京津冀占比（%）	**20.7**	**31.2**	**10.7**	**60.8**

8-4 京津冀国家高新区企业人员情况（2016 年）

单位：人

地　　区	年末从业人员	#留学归国人员	#外籍常驻人员	#大专以上
全　　国	**18 059 323**	**117 635**	**57 708**	**9 895 957**
京津冀合计	**3 153 722**	**34 050**	**10 135**	**2 260 348**
北京	2 482 615	30 197	7153	1 846 334
天津	372 824	3030	2349	238 907
河北	298 283	823	633	175 107
京津冀占比（%）	**17.5**	**28.9**	**17.6**	**22.8**

8-5 京津冀国家高新区企业 R&D 活动与科技活动情况（2016 年）

地　　区	科技活动人员（人）	#R&D 人员	R&D 人员折合全时当量（人年）	科技活动经费内部支出（亿元）	#R&D 经费内部支出
全　　国	**3 385 933**	**2 056 154**	**1 283 327**	**8524.9**	**5379.9**
京津冀合计	**788 586**	**336 216**	**213 751**	**1991.0**	**840.1**
北京	660 727	224 074	148 982	1698.2	574.6
天津	66 787	63 566	29 083	171.0	162.9
河北	61 072	48 576	35 686	121.8	102.6
京津冀占比（%）	**23.3**	**16.4**	**16.7**	**23.4**	**15.6**

9

2018/京津冀科技统计年鉴

科技企业孵化器

9-1 京津冀科技企业孵化器基本情况（2013—2016 年）

地　区	2013 年	2014 年	2015 年	2016 年
在统孵化器数量（个）				
全　　国	1464	1748	2533	3255
京津冀合计	248	282	296	311
北京	92	113	111	101
天津	114	124	131	108
河北	42	45	54	102
京津冀占比（%）	16.9	16.1	11.7	9.6
孵化器场地总面积（万平方米）				
全　　国	5379.3	6877.8	8679.7	10 732.8
京津冀合计	619.9	815.3	762.5	843.7
北京	221.6	242.0	231.0	223.4
天津	256.1	269.4	338.2	320.4
河北	142.2	303.9	193.4	299.9
京津冀占比（%）	11.5	11.9	8.8	7.9
在孵企业数（个）				
全　　国	77 677	78 965	102 170	133 286
京津冀合计	11 055	11 315	11 531	13 474
北京	5062	4605	4026	5316
天津	3920	4962	5632	5080
河北	2073	1748	1873	3078
京津冀占比（%）	14.2	14.3	11.3	10.1
在孵企业从业人员（万人）				
全　　国	158.3	141.7	166.2	212.1
京津冀合计	16.7	17.2	17.0	21.5
北京	6.4	7.3	6.3	9.0
天津	6.3	6.3	7.1	7.2
河北	4.0	3.6	3.6	5.3
京津冀占比（%）	10.5	12.1	10.2	10.1

续表

地　区	2013 年	2014 年	2015 年	2016 年
当年获得风险投资额（亿元）				
全　国		139.2	258.6	386.0
京津冀合计		32.3	51.3	83.2
北京		28.1	47.5	70.2
天津		3.1	1.9	10.7
河北		1.1	1.9	2.3
京津冀占比（%）		23.2	19.8	21.6
累计毕业企业（个）				
全　国	52 146	61 944	74 853	89 694
京津冀合计	8283	10 574	10 911	11 615
北京	5337	7431	7049	7659
天津	1567	1798	2154	1944
河北	1379	1345	1708	2012
京津冀占比（%）	15.9	17.1	14.6	12.9

9-2　京津冀科技企业孵化器孵化企业情况（2016 年）

单位：个

地　区	在孵企业数	# 高新技术企业	# 当年新增在孵企业	累计毕业企业	# 当年毕业企业	# 收入达 5000 万企业
全　国	**133 286**	**9024**	**48 095**	**89 694**	**15 020**	**2191**
京津冀合计	**13 474**	**1718**	**4517**	**11 615**	**1680**	**221**
北京	5316	1305	1900	7659	886	87
天津	5080	204	1402	1944	413	55
河北	3078	209	1215	2012	381	79
京津冀占比（%）	**10.1**	**19.0**	**9.4**	**12.9**	**11.2**	**10.1**

9-3　京津冀科技企业孵化器孵化场地情况（2016 年）

单位：平方米

地　区	总面积	办公用房	企业用房	服务用房	其他
全　国	**107 328 324**	**8 071 754**	**71 996 869**	**12 301 933**	**14 957 769**
京津冀合计	**8 436 378**	**755 553**	**4 953 218**	**896 497**	**1 831 109**
北京	2 234 022	130 550	1 664 456	317 073	121 942
天津	3 203 541	374 584	1 340 008	246 153	1 242 796
河北	2 998 815	250 419	1 948 754	333 271	466 371
京津冀占比（%）	**7.9**	**9.4**	**6.9**	**7.3**	**12.2**

9-4 京津冀科技企业孵化器当年在孵企业情况（2016年）

地　　区	在孵企业 R&D 投入（亿元）	在孵企业总收入（亿元）	当年获得投融资企业数（个）	当年获风险投资额（亿元）	当年获得孵化基金在孵企业数（个）
全　　国	**414.8**	**4792.7**	**7485.0**	**386.0**	**11 619**
京津冀合计	**48.2**	**595.5**	**1026.0**	**83.2**	**979**
北京	27.4	358.3	572.0	70.2	308
天津	14.9	125.0	306.0	10.7	365
河北	5.9	112.2	148.0	2.3	306
京津冀占比（%）	**11.6**	**12.4**	**13.7**	**21.6**	**8.4**

9-5 京津冀国家级科技企业孵化器基本情况（2016年）

地　　区	统计孵化器数量（个）	孵化器总收入（亿元）	管理机构从业人员数（人）	孵化基金总额（亿元）	创业导师数（人）	对公共技术服务平台投资额（亿元）
全　　国	**859**	**123.8**	**16 869**	**324.4**	**13 873**	**35.1**
京津冀合计	**105**	**17.9**	**2306**	**123.3**	**2401**	**1.9**
北京	49	14.2	1315	111.5	1282	1.3
天津	37	2.5	585	8.9	781	0.4
河北	19	1.2	406	2.9	338	0.2
京津冀占比（%）	**12.2**	**14.5**	**13.7**	**38.0**	**17.3**	**5.4**

9-6 京津冀国家级科技企业孵化器孵化企业情况（2016年）

单位：个

地　　区	在孵企业数	#高新技术企业	#当年新增在孵企业	累计毕业企业	#当年毕业企业	#收入达5000万企业
全　　国	**73 209**	**5352**	**21 917**	**63 918**	**7942**	**1758**
京津冀合计	**8351**	**1290**	**2426**	**8490**	**940**	**194**
北京	3849	1029	1169	5477	518	79
天津	2831	156	750	1622	284	41
河北	1671	105	507	1391	138	74
京津冀占比（%）	**11.4**	**24.1**	**11.1**	**13.3**	**11.8**	**11.0**

9-7 京津冀国家级科技企业孵化器孵化场地情况（2016 年）

单位：平方米

地　区	总面积	办公用房	企业用房	服务用房	其他
全　国	**38 610 097**	**1 216 386**	**29 306 539**	**5 089 590**	**2 997 582**
京津冀合计	**3 136 702**	**88 444**	**2 512 296**	**372 467**	**163 496**
北京	1 460 669	26 939	1 151 983	199 261	82 486
天津	872 671	30 484	684 058	114 907	43 222
河北	803 362	31 021	676 255	58 299	37 788
京津冀占比（%）	**8.1**	**7.3**	**8.6**	**7.3**	**5.5**

9-8 京津冀国家级科技企业孵化器当年在孵企业情况（2016 年）

地　区	在孵企业从业人员数（人）	在孵企业总收入（亿元）	当年获得投融资企业数（个）	当年获风险投资额（亿元）	当年获得孵化基金在孵企业数（个）
全　国	**1 196 486**	**2682.0**	**4862**	**237.1**	**5155**
京津冀合计	**152 752**	**436.7**	**761**	**63.3**	**501**
北京	71 879	306.9	424	52.1	162
天津	48 349	65.7	280	10.3	246
河北	32 524	64.1	57	0.9	93
京津冀占比（%）	**12.8**	**16.3**	**15.7**	**26.7**	**9.7**

10

国家级高新技术企业

10-1 京津冀国家级高新技术企业基本情况（2011—2016年）

地 区	2011年	2012年	2013年	2014年	2015年	2016年
入统企业数（个）						
全 国	39 343	45 313	54 683	62 556	76 141	100 012
京津冀合计	7650	8024	9718	10 739	14 690	18 742
北京	6088	6271	7352	8237	10 881	13 476
天津	904	1045	1324	1254	2204	3205
河北	658	708	1042	1248	1605	2061
京津冀占比（%）	19.4	17.7	17.8	17.2	19.3	18.7
科技活动人员（人）						
全 国	3 258 366	4 125 338	4 611 984	4 850 635	5 255 352	5 843 408
京津冀合计	451 846	540 242	606 919	642 658	832 074	934 861
北京	310 301	352 166	380 092	412 794	567 069	632 199
天津	63 368	85 820	103 304	98 992	126 229	142 672
河北	78 177	102 256	123 523	130 872	138 776	159 990
京津冀占比（%）	13.9	13.1	13.2	13.2	15.8	16.0
R&D人员折合全时当量（人年）						
全 国			1 986 181	2 054 722	1 835 827	2 126 529
京津冀合计			206 865	212 310	233 030	270 354
北京			119 454	122 078	132 714	138 912
天津			37 533	38 134	51 043	69 070
河北			49 878	52 098	49 273	62 372
京津冀占比（%）			10.4	10.3	12.7	12.7
R&D经费内部支出（亿元）						
全 国	3823.5	4296.3	5401.1	5809.0	6304.0	7806.1
京津冀合计	488.1	618.6	694.9	731.7	940.3	1005.8
北京	332.1	400.4	426.9	469.5	588.2	552.0
天津	82.9	140.7	150.1	140.1	205.2	259.9
河北	73.1	77.5	117.9	122.1	146.9	193.9
京津冀占比（%）	12.8	14.4	12.9	12.6	14.9	12.9

续表

地　区	2011 年	2012 年	2013 年	2014 年	2015 年	2016 年
营业收入（亿元）						
全　国	156 223.1	167 743.9	193 837.4	217 304.8	222 234.1	261 093.9
京津冀合计	20 185.0	21 280.9	25 346.7	28 219.4	31 131.9	35 592.3
北京	13 279.4	13 903.6	15 825.2	18 877.4	20 078.1	23 220.6
天津	3659.4	3942.9	4513.2	3944.4	5489.1	6272.1
河北	3246.2	3434.4	5008.3	5397.6	5564.7	6099.6
京津冀占比（%）	12.9	12.7	13.1	13.0	14.0	13.6

10-2　京津冀国家级高新技术企业主要经济指标（2016 年）

单位：亿元

地　区	工业总产值	营业收入			
			# 技术收入	# 产品销售收入	# 商品销售收入
全　国	**212 268.8**	**261 093.9**	**25 583.7**	**217 826.4**	**6047.5**
京津冀合计	**16 277.6**	**35 592.3**	**7964.4**	**21 078.9**	**2590.9**
北京	6903.2	23 220.6	6664.9	10 630.9	2483.7
天津	3999.6	6272.1	967.9	4899.4	50.8
河北	5374.8	6099.6	331.6	5548.6	56.4
京津冀占比（%）	**7.7**	**13.6**	**31.1**	**9.7**	**42.8**

10-3　京津冀国家级高新技术企业人员情况（2016 年）

单位：人

地　区	年末从业人员			
		# 留学归国人员	# 外籍常驻人员	# 大专以上
全　国	**23 606 734**	**96 125**	**48 803**	**12 042 296**
京津冀合计	**3 076 670**	**25 113**	**5666**	**2 089 840**
北京	1 933 858	21 860	4467	1 476 229
天津	496 875	2399	618	306 616
河北	645 937	854	581	306 995
京津冀占比（%）	**13.0**	**26.1**	**11.6**	**17.4**

10-4 京津冀国家级高新技术企业 R&D 活动与科研活动情况（2016 年）

地区	科技活动人员（人）	# R&D 人员	R&D 人员折合全时当量（人年）	科技活动经费内部支出（亿元）	# R&D 经费内部支出
全国	**5 843 408**	**3 494 753**	**2 126 529**	**12 643.1**	**7806.1**
京津冀合计	**934 861**	**453 390**	**270 354**	**2133.4**	**1005.8**
北京	632 199	216 979	138 912	1566.3	552.0
天津	142 672	133 986	69 070	287.7	259.9
河北	159 990	102 425	62 372	279.4	193.9
京津冀占比（%）	**16.0**	**13.0**	**12.7**	**16.9**	**12.9**

11

2018 京津冀科技统计年鉴

国家大学科技园

11-1 京津冀国家大学科技园基本情况（2011—2016 年）

地　　区	2011 年	2012 年	2013 年	2014 年	2015 年	2016 年
孵化基金总额（万元）						
全　　国	74 732	80 793	94 003	110 659	119 636	143 960
京津冀合计	13 050	16 330	14 691	32 194	19 992	13 967
北京	11 875	15 280	13 591	29 594	17 392	11 817
天津	500	0	500	1000	1000	1000
河北	675	1050	600	1600	1600	1150
京津冀占比（%）	17.5	20.2	15.6	29.1	16.7	9.7
年末固定资产净值（万元）						
全　　国	935 561	262 567	537 213	496 810	472 147	401 898
京津冀合计	88 247	28 312	239 848	46 302	40 173	48 153
北京	78 790	17 835	228 576	34 218	30 890	39 652
天津	42	42	62	24	18	37
河北	9415	10 435	11 210	12 060	9265	8464
京津冀占比（%）	9.4	10.8	44.6	9.3	8.5	12.0
场地面积（平方米）						
全　　国	7 666 915	9 194 131	7 758 538	801 653	7 487 203	7 378 204
京津冀合计	1 598 586	1 731 819	1 129 673	117 533	1 448 717	1 476 236
北京	1 375 638	1 472 771	866 625	87 558	1 101 169	1 119 589
天津	212 500	115 000	162 600	11 500	162 800	171 900
河北	10 448	144 048	100 448	18 475	184 748	184 747
京津冀占比（%）	20.9	18.8	14.6	14.7	19.3	20.0
在孵企业数（个）						
全　　国	6923	7369	8204	9972	10 118	9861
京津冀合计	1217	1211	1319	1654	1477	1407
北京	995	990	1052	1358	1198	1146
天津	62	65	167	54	27	32
河北	160	156	100	242	252	229
京津冀占比（%）	17.6	16.4	16.1	16.6	14.6	14.3

续表

地　区	2011 年	2012 年	2013 年	2014 年	2015 年	2016 年
从业人员数（人）						
全　国	131 070	131 741	147 292	162 885	145 603	132 434
京津冀合计	22 720	26 197	26 465	29 647	21 506	22 700
北京	16 759	20 501	20 320	22 300	15 876	16 878
天津	3129	2530	3883	1967	508	591
河北	2832	3166	2262	5380	5122	5231
京津冀占比（%）	17.3	19.9	18.0	18.2	14.8	17.1
在孵企业总收入（亿元）						
全　国	170.5	206.7	262.1	361.2	277.2	289.5
京津冀合计	37.8	38.5	56.8	56.0	57.8	53.5
北京	29.6	29.6	47.3	46.1	48.7	42.7
天津	2.6	2.6	4.1	0.2	0.3	0.7
河北	5.6	6.3	5.4	9.7	8.8	10.1
京津冀占比（%）	22.2	18.6	21.7	15.5	20.9	18.5

11-2　京津冀国家大学科技园人员情况（2016 年）

单位：人

地　区	管理机构从业人员总数	# 博士	# 硕士	# 研究生学历	# 本科	# 大专	# 留学回国人员
全　国	**2775**	**165**	**689**	**768**	**1536**	**320**	**89**
京津冀合计	**577**	**44**	**153**	**181**	**284**	**92**	**21**
北京	491	39	138	161	226	86	19
天津	9	0	0	1	6	2	0
河北	77	5	15	19	52	4	2
京津冀占比（%）	**20.8**	**26.7**	**22.2**	**23.6**	**18.5**	**28.8**	**23.6**

11-3 京津冀国家大学科技园孵化场地情况（2016 年）

单位：平方米

地　　区	总面积	办公室用房	孵化用房	研发用房	生产用房	其他
全　　国	**7 378 204**	**492 486**	**3 856 011**	**1 034 983**	**1 005 358**	**989 366**
京津冀合计	**1 476 237**	**77 504**	**657 611**	**348 222**	**89 636**	**303 264**
北京	1 119 590	33 604	450 450	289 460	56 199	289 877
天津	171 900	26 400	80 800	43 000	16 000	5700
河北	184 747	17 500	126 361	15 762	17 437	7687
京津冀占比（%）	**20.0**	**15.7**	**17.1**	**33.6**	**8.9**	**30.7**

11-4 京津冀国家大学科技园在孵企业情况（2016 年）

地　　区	在孵企业数（个）	# 当年新孵	工业总产值（万元）	净利润（万元）	上缴税金（万元）
全　　国	**9861**	**2573**	**1 310 459**	**13 149**	**15 063**
京津冀合计	**1407**	**334**	**219 715**	**3328**	**2629**
北京	1146	283	166 600	2544	2133
天津	32	8	2034	16	24
河北	229	43	51 081	768	472
京津冀占比（%）	**14.3**	**13.0**	**16.8**	**25.3**	**17.5**

11-5 京津冀国家大学科技园毕业企业情况（2016 年）

地　　区	累计毕业企业（个）	从业人员数（人）	总收入（亿元）	工业总产值（亿元）
全　　国	**9189**	**355 420**	**1640.6**	**1088.2**
京津冀合计	**1853**	**58 186**	**159.2**	**57.8**
北京	1559	50 250	138.7	38.5
天津	11	293	2.0	2.1
河北	283	7643	18.5	17.2
京津冀占比（%）	**20.2**	**16.4**	**9.7**	**5.3**

12

2018/京津冀科技统计年鉴

火炬计划特色产业基地

12-1 京津冀火炬计划特色产业基地基本情况（2011—2016 年）

地 区	2011 年	2012 年	2013 年	2014 年	2015 年	2016 年
入统基地数（个）						
全 国	288	314	341	366	384	413
京津冀合计	16	20	21	23	22	23
北京	2	2	2	2	2	2
天津	3	6	7	8	8	8
河北	11	12	12	13	12	13
京津冀占比（%）	5.6	6.4	6.1	6.3	5.7	5.6
基地内企业数（个）						
全 国	85 394	93 128	102 893	118 231	126 393	150 555
京津冀合计	1405	3068	4927	7665	8192	9884
北京	417	1466	1666	2137	2571	2900
天津	109	507	728	2232	2493	4439
河北	879	1095	2533	3296	3128	2545
京津冀占比（%）	1.6	3.3	4.8	6.5	6.5	6.6
总收入（亿元）						
全 国	61 061.4	68 648.3	76 521.4	88 227.1	91 233.1	100 003.2
京津冀合计	1403.6	1774.8	1870.0	3118.7	3671.5	4423.3
北京	186.6	216.9	245.9	63.1	300.0	345.7
天津	44.0	433.3	590.3	588.9	887.6	1311.1
河北	1173.0	1124.6	1033.8	2466.7	2483.9	2766.5
京津冀占比（%）	2.3	2.6	2.4	3.5	4.0	4.4

12-2 京津冀火炬计划特色产业基地经济指标（2016 年）

单位：亿元

地 区	工业总产值	上缴税额	净利润	出口总额
全 国	**102 333.4**	**5514.6**	**6439.4**	**11 414.6**
京津冀合计	**3318.3**	**233.2**	**325.1**	**350.3**
北京	91.3	11.4	8.2	1.4
天津	1135.9	71.3	103.4	87.1
河北	2091.1	150.5	213.5	261.8
京津冀占比（%）	**3.2**	**4.2**	**5.0**	**3.1**

12-3 京津冀火炬计划特色产业基地人员情况（2016年）

单位：人

地　　区	企业人员总数			
		#大专以上		
			#博士	#硕士
全　　国	**11 161 212**	**3 516 845**	**24 654**	**147 896**
京津冀合计	**475 678**	**187 243**	**1708**	**7426**
北京	35 520	26 836	85	289
天津	116 623	37 946	960	2351
河北	323 535	122 461	663	4786
京津冀占比（%）	**4.3**	**5.3**	**6.9**	**5.0**

13

2018 京津冀科技统计年鉴

创新型产业集群

13-1 京津冀创新型产业集群基本情况（2014—2016 年）

地　　区	2014 年	2015 年	2016 年
企业总数（个）			
全　　国	12 757	13 322	13 929
京津冀合计	1515	1694	1919
北京	437	555	632
天津	321	336	388
河北	757	803	899
京津冀占比（%）	11.9	12.7	13.8
年末从业人员（人）			
全　　国	2 959 740	2 896 647	3 368 974
京津冀合计	348 409	340 970	791 128
北京	132 185	129 485	547 903
天津	88 316	86 802	116 878
河北	127 908	124 683	126 347
京津冀占比（%）	11.8	11.8	23.5
营业收入（亿元）			
全　　国	34 546.8	37 382.2	40 429.9
京津冀合计	5234.8	5859.9	7888.9
北京	2677.4	3018.8	3323.6
天津	1132.2	1208.4	2624.9
河北	1425.2	1632.7	1940.4
京津冀占比（%）	15.2	15.7	19.5

13-2 京津冀创新型产业集群企业数量和从业人员（2016 年）

地　　区	企业总数（个）	# 高新技术企业数	年末从业人员（人）	# 大专及以上
全　　国	**13 929**	**5354**	**3 368 974**	**1 846 067**
京津冀合计	**1919**	**592**	**791 128**	**463 782**
北京	632	215	547 903	315 329
天津	388	143	116 878	69 221
河北	899	234	126 347	79 232
京津冀占比（%）	**13.8**	**11.1**	**23.5**	**25.1**

13-3　京津冀创新型产业集群主要经济指标（2016 年）

单位：亿元

地　　区	出口总额	净利润	上缴税费
全　　国	**6591.3**	**2924.3**	**2417.1**
京津冀合计	**502.2**	**536.1**	**256.8**
北京	244.4	328.4	125.3
天津	126.6	115.2	43.7
河北	131.2	92.5	87.8
京津冀占比（%）	**7.6**	**18.3**	**10.6**

13-4　京津冀创新型产业集群主要科技活动成果（2016 年）

地　　区	当年发明专利申请（件）	当年发明专利授权（件）	拥有注册商标（件）	拥有软件注册权（件）	拥有集成电路布图（件）	拥有植物新品种（件）	当年形成国家或行业标准（项）
全　　国	**52 968**	**17 931**	**56 512**	**61 395**	**8821**	**460**	**870**
京津冀合计	**3699**	**1814**	**9861**	**5375**	**21**	**14**	**213**
北京	840	738	2915	4566	0	0	37
天津	834	436	1962	408	15	0	55
河北	2025	640	4984	401	6	14	121
京津冀占比（%）	**7.0**	**10.1**	**17.4**	**8.8**	**0.2**	**3.0**	**24.5**

13-5　京津冀创新型产业集群主要服务机构（2016 年）

单位：个

地　　区	国家级科技企业孵化器	国家技术转移示范机构	国家级示范生产力促进中心	具有国家级资质产品检验检测机构	研究院所	产品联盟组织数
全　　国	**175**	**73**	**37**	**76**	**334**	**187**
京津冀合计	**23**	**5**	**2**	**5**	**24**	**29**
北京	6	0	0	0	2	13
天津	7	1	1	3	15	6
河北	10	4	1	2	7	10
京津冀占比（%）	**13.1**	**6.8**	**5.4**	**6.6**	**7.2**	**15.5**

14

科学技术普及

14-1 京津冀科学技术普及基本情况（2011—2016年）

地 区	2011年	2012年	2013年	2014年	2015年	2016年
科普专职人员（人）						
全 国	224 162	231 086	242 276	234 982	221 511	223 544
京津冀合计	14 931	16 357	16 744	16 758	17 134	19 789
北京	6147	6728	7727	7062	7324	9291
天津	3095	3748	3171	3179	3039	2404
河北	5689	5881	5846	6517	6771	8094
京津冀占比（%）	6.7	7.1	6.9	7.1	7.7	8.9
科技馆数量（个）						
全 国	357	364	380	409	444	473
京津冀合计	31	34	34	43	36	40
北京	19	21	22	31	25	30
天津	1	1	1	1	1	1
河北	11	12	11	11	10	9
京津冀占比（%）	8.7	9.3	8.9	10.5	8.1	8.5
科技馆建筑面积（万平方米）						
全 国	234.4	235.5	263.1	304.2	313.8	320.6
京津冀合计	26.1	26.3	27.3	40.7	29.5	33.8
北京	16.7	17.1	18.5	32.0	21.6	26.7
天津	2.1	1.8	1.8	1.8	1.8	1.8
河北	7.3	7.4	7.0	6.9	6.1	5.3
京津冀占比（%）	11.1	11.2	10.4	13.4	9.4	10.5
年度科普经费筹集额（亿元）						
全 国	105.3	122.9	132.2	150.0	141.2	152.0
京津冀合计	24.0	27.2	24.6	26.8	26.2	31.3
北京	20.3	22.1	20.4	21.7	21.3	25.1
天津	1.8	2.5	2.4	2.4	2.1	2.5
河北	1.9	2.6	1.8	2.7	2.8	3.7
京津冀占比（%）	22.8	22.1	18.6	17.9	18.6	20.6

续表

地　区	2011年	2012年	2013年	2014年	2015年	2016年
科普图书出版总册数（万册）						
全　　国	5696	6571	8860	6160	13 357	13 487
京津冀合计	1391	2063	5325	2945	7436	3561
北京	1308	1888	5159	2795	7334	2870
天津	35	39	60	68	63	364
河北	48	136	106	82	39	327
京津冀占比（%）	24.4	31.4	60.1	47.8	55.7	26.4
科普专题活动次数（次）						
全　　国	112 453	121 451	125 045	117 238	117 506	128 545
京津冀合计	15 587	22 014	18 446	14 359	19 757	18 917
北京	3871	3287	3796	3672	6662	6774
天津	6705	13 220	9596	5488	7921	7311
河北	5011	5507	5054	5199	5174	4832
京津冀占比（%）	13.9	18.1	14.8	12.2	16.8	14.7

14-2　京津冀科普专职人员情况（2016年）

单位：人

地　区	科普专职人员	#中级职称以上或本科以上学历	#女性	#农村科普人员	#管理人员	#科普创作人员
全　　国	**223 544**	**133 371**	**82 120**	**68 403**	**47 004**	**14 148**
京津冀合计	**19 789**	**12 810**	**8707**	**4532**	**4385**	**1942**
北京	9291	6586	4291	1880	1852	1323
天津	2404	1803	1266	257	787	231
河北	8094	4421	3150	2395	1746	388
京津冀占比（%）	**8.9**	**9.6**	**10.6**	**6.6**	**9.3**	**13.7**

14-3 京津冀科普兼职人员情况（2016 年）

地　区	科普兼职人员（人）	#中级职称以上或本科以上学历	#女性	#农村科普人员	#注册科普志愿者	年度实际投入工作量（人月）
全　国	**1 628 842**	**866 219**	**632 834**	**502 852**	**2 315 363**	**1 854 613**
京津冀合计	**134 820**	**73 530**	**72 157**	**30 443**	**95 010**	**98 071**
北京	45 669	30 026	26 932	5619	18 174	56 414
天津	32 238	16 610	19 008	3002	30 239	31 640
河北	56 913	26 894	26 217	21 822	46 597	10 017
京津冀占比（%）	**8.3**	**8.5**	**11.4**	**6.1**	**4.1**	**5.3**

14-4 京津冀科普场地情况（2016 年）

地　区	科技馆数量（个）	科技馆建筑面积（平方米）	科技馆展厅面积（平方米）	科技馆当年参观人数（人次）
全　国	**473**	**3 206 091**	**1 572 154**	**56 464 136**
京津冀合计	**40**	**338 299**	**185 422**	**6 992 033**
北京	30	266 907	149 481	4 799 433
天津	1	18 000	10 000	472 200
河北	9	53 392	25 941	1 720 400
京津冀占比（%）	**8.5**	**10.6**	**11.8**	**12.4**

续表 1

地　区	科学技术类博物馆数量（个）	科学技术类博物馆建筑面积（平方米）	科学技术类博物馆展厅面积（平方米）	科学技术类博物馆当年参观人数（人次）
全　国	**920**	**6 090 804**	**2 824 908**	**110 158 720**
京津冀合计	**115**	**1 243 460**	**511 066**	**20 842 007**
北京	74	889 500	325 406	15 006 733
天津	10	244 665	134 113	3 832 071
河北	31	109 295	51 547	2 003 203
京津冀占比（%）	**12.5**	**20.4**	**18.1**	**18.9**

续表 2

地　区	青少年科技馆站（个）	城市社区科普（技）专用活动室（个）	农村科普（技）活动场地（个）	科普宣传专用车（辆）	科普画廊（个）
全　国	**596**	**84 824**	**346 570**	**1898**	**210 167**
京津冀合计	**47**	**5997**	**20 866**	**232**	**13 085**
北京	17	1297	2065	53	5335
天津	8	3242	6561	93	3089
河北	22	1458	12 240	86	4661
京津冀占比（%）	**7.9**	**7.1**	**6.0**	**12.2**	**6.2**

14-5　京津冀科普经费情况（2016 年）

单位：万元

地　区	年度科普经费筹集额	# 政府拨款		# 捐赠	# 自筹资金
			# 科普专项经费		
全　国	**1 519 763**	**1 157 509**	**620 062**	**15 672**	**275 990**
京津冀合计	**312 770**	**222 608**	**147 779**	**9387**	**63 962**
北京	251 204	180 408	126 305	4053	54 807
天津	24 504	19 181	7274	306	4637
河北	37 062	23 019	14 200	5028	4518
京津冀占比（%）	**20.6**	**19.2**	**23.8**	**59.9**	**23.2**

续表 1

地　区	科技活动周经费筹集额	# 政府拨款	# 企业赞助	年度科普经费使用额	# 行政支出	# 科普活动支出
全　国	**50 289**	**37 797**	**3408**	**1 522 149**	**250 267**	**837 407**
京津冀合计	**5694**	**4666**	**271**	**290 509**	**41 675**	**183 362**
北京	3937	3454	128	233 118	30 424	144 325
天津	687	385	83	22 296	4390	16 053
河北	1070	827	60	35 095	6861	22 984
京津冀占比（%）	**11.3**	**12.3**	**8.0**	**19.1**	**16.7**	**21.9**

续表 2

地区	#科技场馆基建支出	#政府拨款支出	#场馆建设支出	#展品、设施支出
全　　国	**338 443**	**141 661**	**169 842**	**135 796**
京津冀合计	**35 943**	**14 742**	**14 949**	**15 369**
北京	31 883	13 475	12 838	13 836
天津	1110	220	517	471
河北	2950	1047	1594	1062
京津冀占比（%）	**10.6**	**10.4**	**8.8**	**11.3**

14-6　京津冀科普传媒情况（2016 年）

地区	科普图书出版种数（种）	科普图书出版总册数（万册）	科普期刊出版种数（种）	科普期刊出版总册数（万册）	科普（技）音像制品出版种数（种）	科普（技）光盘发行总量（万张）	科普（技）录音、录像带发行总量（盒）
全　　国	**11 937**	**13 487**	**1265**	**15 970**	**5465**	**433**	**358 717**
京津冀合计	**4195**	**3561**	**177**	**4245**	**649**	**67**	**11 735**
北京	3572	2870	130	3703	531	46	170
天津	551	364	21	153	52	9	100
河北	72	327	26	389	66	12	11 465
京津冀占比（%）	**35.1**	**26.4**	**14.0**	**26.6**	**11.9**	**15.5**	**3.3**

续表

地区	科技类报纸年发行总份数（万份）	电视台播出科普（技）节目时间（小时）	电台播出科普（技）节目时间（小时）	科普网站数（个）	发放科普读物和资料（万份）
全　　国	**26 741**	**135 392**	**126 799**	**2975**	**82 307**
京津冀合计	**9292**	**16 511**	**12 646**	**542**	**7871**
北京	7822	3650	7853	359	4241
天津	366	6897	429	114	1109
河北	1104	5964	4364	69	2521
京津冀占比（%）	**34.7**	**12.2**	**10.0**	**18.2**	**9.6**

14-7　京津冀科普活动情况（2016 年）

地　　区	科普（技）讲座举办次数（次）	科普（技）讲座参加人数（人次）	科普（技）展览专题展览次数（次）	科普（技）展览参观人数（人次）	科普（技）竞赛举办次数（次）	科普（技）竞赛参加人数（人次）
全　　国	**856 884**	**145 836 168**	**165 754**	**212 666 177**	**64 468**	**112 503 131**
京津冀合计	**130 746**	**14 181 754**	**35 552**	**46 320 304**	**14 213**	**50 793 773**
北京	66 506	8 136 999	4286	38 495 531	2367	10 158 427
天津	42 118	2 342 158	28 061	4 924 576	10 769	1 045 206
河北	22 122	3 702 597	3205	2 900 197	1077	39 590 140
京津冀占比（%）	**15.3**	**9.7**	**21.4**	**21.8**	**22.0**	**45.1**

续表 1

地　　区	科普国际交流举办次数（次）	科普国际交流参加人数（人次）	成立青少年科技兴趣小组个数（个）	青少年科技兴趣小组参加人数（人次）	科技夏（冬）令营举办次数（次）	科技夏（冬）令营参加人数（人次）
全　　国	**2481**	**616 849**	**222 446**	**17 151 843**	**14 094**	**3 036 360**
京津冀合计	**553**	**145 703**	**21 337**	**1 269 112**	**1901**	**412 914**
北京	466	110 272	4140	330 162	1371	249 884
天津	54	35 233	6490	391 117	208	72 462
河北	33	198	10 707	547 833	322	90 568
京津冀占比（%）	**22.3**	**23.6**	**9.6**	**7.4**	**13.5**	**13.6**

续表 2

地　　区	科技活动周科普专题活动次数（次）	科技活动周参加人数（人次）	科研机构、大学向社会开放单位数（个）	科研机构、大学参观人数（人次）	实用技术培训举办次数（次）	实用技术培训参加人数（人次）	重大科普活动次数（次）
全　　国	**128 545**	**147 408 455**	**8080**	**9 633 658**	**646 933**	**77 466 929**	**27 528**
京津冀合计	**18 917**	**64 315 573**	**1284**	**1 032 966**	**49 984**	**5 914 677**	**1760**
北京	6774	58 536 108	807	750 011	15 412	932 430	633
天津	7311	2 535 511	216	130 162	12 552	1 515 396	301
河北	4832	3 243 954	261	152 793	22 020	3 466 851	826
京津冀占比（%）	**14.7**	**43.6**	**15.9**	**10.7**	**7.7**	**7.6**	**6.4**

14-8 京津冀创新创业中科普情况（2016 年）

地　区	创新创业培训次数（次）	创新创业培训参加人数（人次）	创新创业赛事次数（次）	创新创业赛事参加人数（人次）
全　国	**85 925**	**4 589 271**	**6618**	**2 429 230**
京津冀合计	**16 499**	**738 764**	**955**	**533 804**
北京	2784	373 646	452	143 809
天津	7344	194 016	208	364 092
河北	6371	171 102	295	25 903
京津冀占比（%）	**19.2**	**16.1**	**14.4**	**22.0**

15

主要统计指标解释

一般公共预算收入　指国家财政参与社会产品分配所取得的收入，是实现国家职能的财力保证。主要包括：①各项税收，包括国内增值税、国内消费税、进口货物增值税和消费税、出口货物退增值税和消费税、营业税、企业所得税、个人所得税、资源税、城市维护建设税、房产税、印花税、城镇土地使用税、土地增值税、车船税、船舶吨税、车辆购置税、关税、耕地占用税、契税、烟叶税等；②非税收入，包括专项收入、行政事业性收费、罚没收入和其他收入。财政收入按现行分税制财政体制划分为中央本级收入和地方本级收入。

一般公共预算支出　指国家财政将筹集起来的资金进行分配使用，以满足经济建设和各项事业的需要。主要包括：一般公共服务、外交、国防、公共安全、教育、科学技术、文化体育与传媒、社会保障和就业、医疗卫生与计划生育、节能环保、城乡社区、农林水、交通运输、资源勘探信息、商业服务业、金融、援助其他地区、国土海洋气象、住房保障、粮油物资储备、政府债务付息等方面的支出。财政支出根据政府在经济和社会活动中的不同职权，划分为中央财政支出和地方财政支出。

地方财政科学技术支出　指地方用于科学技术方面的支出，与政府收支分类科目 206 相同，包括中央对地方的科技转移支付。

地方财政支出合计　与各地当年财政总决算报表中本年支出合计的决算数相同。

科学技术管理事务　指填在政府收支分类科目 20601 中各级政府部门科学技术管理事务方面的支出，包括中央对此项目的转移支付。

基础研究　指填在政府收支分类科目 20602 中从事基础研究和近期无法取得实用价值的应用研究机构的支出、专项科学研究支出，以及重点实验室、重大科学工程的支出，包括中央对此项目的转移支付。

应用研究　指填在政府收支分类科目 20603 中在基础研究成果上，针对某一特定的实际目标或目标进行的创造性研究工作的支出，包括社会公益研究、高技术研究、专项科研试制等方面的支出，包括中央对此项目的转移支付。

技术研究与开发　指填在政府收支分类科目 20604 中用于技术研究与开发等方面的支出，包括应用技术研究与开发、产业技术研究与开发和科技成果转化与扩散等方面的支出，还包括电子信息产业发展基金，包括中央对此项目的转移支付。

科技条件与服务　指填在政府收支分类科目 20605 中用于完善科技条件及从事科技标准、计量和检测，科技数据、种质资源、标本、基因的收集、加工处理和服务，科技文献信息资源的采集、保存、加工和服务等为科技活动提供基础性、通用性服务的支出，包括中央对此项目的转移支付。

社会科学　指填在政府收支分类科目 20606 中用于社会科学方面的支出，包括中央对此项目的转移支付。

科学技术普及　指填在政府收支分类科目 20607 中用于科学技术普及方面的支出，包括中央对此项目的转移支付。

科技交流与合作 指填在政府收支分类科目 20608 中用于科技交流与合作方面的支出，包括中央对此项目的转移支付。

科技重大项目 指填在政府收支分类科目 20609 中用于科技重大项目方面的支出，包括中央对此项目的转移支付。

其他科学技术支出 指填在政府收支分类科目 20699 中用于除以上各项以外用于科技方面的支出，包括科技奖励支出、补助给转制为企业科研机构的等支出，包括中央对此项目的转移支付。

中央对地方科技转移支出 指政府收支分类科目 206 中央财政对地方的各项科技转移支出。

研究与试验发展（R&D） 指在科学技术领域，为增加知识总量及运用这些知识去创造新的应用而进行的系统的、创造性的活动，包括基础研究、应用研究、试验发展 3 类活动。

R&D 人员 指调查单位内部从事基础研究、应用研究和试验发展 3 类活动的人员。包括直接参加上述 3 类项目活动的人员及这 3 类项目的管理人员和直接服务人员。为研发活动提供直接服务的人员包括直接为研发活动提供资料文献、材料供应、设备维护等服务的人员。

R&D 人员折合全时当量 是国际上通用的、用于比较科技人力投入的指标。指 R&D 全时人员（全年从事 R&D 活动累积工作时间占全部工作时间的 90% 及以上人员）工作量与非全时人员按实际工作时间折算的工作量之和。例如，有 2 个 R&D 全时人员（工作时间分别为 0.9 年和 1 年）和 3 个 R&D 非全时人员（工作时间分别为 0.2 年、0.3 年和 0.7 年），则 R&D 人员折合全时当量 =1+1+0.2+0.3+0.7=3.2（人年）。

研究人员 指 R&D 人员中具备中级以上职称或博士学历（学位）的人员。

试验发展 指利用从基础研究、应用研究和实际经验所获得的现有知识，为产生新的产品、材料和装置，建立新的工艺、系统和服务，以及对已产生和建立的上述各项做实质性的改进而进行的系统性工作。

R&D 经费内部支出 指调查单位在报告年度用于内部开展 R&D 活动的实际支出。包括用于 R&D 项目（课题）活动的直接支出，以及间接用于 R&D 活动的管理费、服务费、与 R&D 有关的基本建设支出和外协加工费等。不包括生产性活动支出、归还贷款支出及与外单位合作或委托外单位进行 R&D 活动而转拨给对方的经费支出。

日常性支出 指调查单位在报告年度为开展 R&D 活动而发生的人员劳务费，以及其各项管理费用和购买非资产性的材料、物资费用等其他日常支出。

资产性支出 指调查单位在报告年度为开展 R&D 活动而进行建造、购置、安装、改建、扩建固定资产，以及进行设备技术改造和大修理等实际支出的费用。

政府资金 指调查单位 R&D 经费内部支出中来自各级政府部门的各类资金，包括财政科学技术拨款、科学基金、教育等部门事业费及政府部门预算外资金的实际支出。

企业资金 指调查单位 R&D 经费内部支出中来自本企业的自有资金和接受其他企业委托而获得的经费，以及科研院所、高校等事业单位从企业获得的资金的实际支出。

R&D 经费外部支出合计 指报告年度调查单位委托外单位或与外单位合作进行 R&D 活动而拨给对方的经费。

R&D 项目（课题） 指调查单位在当年立项并开展研究工作、以前年份立项仍继续进行研究的研究开发项目或课题，包括当年完成和年内研究工作已告失败的研发项目或课题。

发表科技论文 指在学术刊物上以书面形式发表的最初的科学研究成果。应具备以下 3 个条件：①首次发表的研究成果；②作者的结论和试验能被同行重复并验证；③发表后科技界能引用。

专利 是专利权的简称，是发明创造经审查合格后，由国务院专利行政部门依据专利法授予申请人对该项发明创造享有的专有权。发明创造是指发明、实用新型和外观设计。

发明专利 指对产品、方法或者其改进所提出的新的技术方案。

实用新型专利 指对产品的形状、构造或者其结合所提出的适于实用的新的技术方案。

外观设计专利 指对产品的形状、图案或者其结合，以及色彩与形状、图案的结合所做出的富有美感并适于工业应用的新设计。

有效发明专利数 指调查单位作为专利权人在报告年度拥有的、经国内外知识产权行政部门授权且在有效期内的发明专利件数。

专利所有权转让及许可数 指报告年度调查单位向外单位转让专利所有权或允许专利技术由被许可单位使用的件数。

专利所有权转让与许可收入 指报告年度调查单位向外单位转让专利所有权或允许专利技术由被许可单位使用而得到的收入。包括当年从被转让方或被许可方得到的一次性付款和分期付款收入，以及利润分成、股息收入等。

形成国家或行业标准数 指报告年度调查单位在自主研发或自主知识产权基础上形成的国家或行业标准。形成国家或行业标准须经有关部门批准。

新产品 指采用新技术原理、新设计构思研制、生产的全新产品，或在结构、材质、工艺等某一方面比原有产品有明显改进，从而显著提高了产品性能或扩大了使用功能的产品。

主营业务收入 指会计“利润表”中对应指标的本年累计数。未执行2001年《企业会计制度》的企业，用“产品销售收入”的本期累计数代替。

利润总额 指企业生产经营活动的最终成果，是企业在一定时期内实现的盈亏相抵后的利润总额（亏损以“–”号表示）。利润总额 = 营业利润 + 补贴收入 + 投资收益 + 营业外净收入 + 以前年度损益调整。

科技活动经费内部支出 指报告年内用于科技活动的实际支出，包括劳务费、科研业务费、科研管理费，非基建投资构建的固定资产、科研基建支出及其他用于科技活动的支出，不包括生产性活动支出、归还贷款支出及转拨外单位支出。反映科技投入实际完成情况。

工业总产值 指工业企业在报告期内生产的以货币形式表现的工业最终产品和提供工业劳务活动的总价值量。由本期生产成品价值、对外加工费收入、自制半成品在制品期末期初差额价值。

营业收入 指企业经营主要业务和其他业务所确认的收入总额。营业收入合计包括主营业务收入和其他业务收入。

技术收入 指企业全年用于技术转让、技术承包、技术咨询与服务、技术入股、中试产品收入及接受外单位委托的科研收入等。

产品销售收入 指企业全年销售全部产成品、自制半成品和提供劳务等所取得的收入。

商品销售收入 指企业销售以出售为目的而购入的非本企业生产产品的销售收入。

年末从业人员 指在报告期末，在企业中从事劳动并取得劳动报酬或经营收入的全部劳动力。

年末资产 指企业在报告年末拥有或控制的能以货币计量的经济资源，包括各种财产、债权和其他权利。资产按其流动性（即资产的变现能力和支付能力）划分为：流动资产、长期投资、固定资产、无形资产、递延资产和其他资产。

年末负债 按会计报表的流动负债与长期负债之和填写。

科普专职人员 指在统计年度中，从事科普工作时间占其全部工作时间60%及以上的人员。包括各级国家机关和社会团体的科普管理工作者，科研院所和大中专院校中从事专业科普研究和创作的人员，专职科普作家，中小学专职科技辅导员，各类科普场馆的相关工作人员，科普类图书、期刊、报刊科技（普）专栏版的编辑，电台、电视台科普频道、栏目的编导，科普网站信息加工人员等。

科普兼职人员 指在非职业范围内从事科普工作，仅在某些科普活动中从事宣传、辅导、演讲等工作的人员，以及工作时间不能满足科普专职人员要求的从事科普工作的人员。包括进行科普讲座等科普活动的科技人员、中小学兼职科技辅导员、参与科普活动的志愿者、科技馆（站）的志愿者等。

注册科普志愿者 指按照一定程序在共青团、科协等组织或科普志愿者注册机构注册登记，自愿参加科普服务活动的志愿者。

科技馆 以科技馆、科学中心、科学宫等命名的以展示教育为主，传播、普及科学的科普场馆。

科学技术博物馆 包括科技类博物馆、天文馆、水族馆、标本馆及设有自然科学部等综合博物馆等。

年度科普经费筹集额 指本单位内可专门用于科普工作管理、研究及开展科普活动等科普事业的各项收入之和。

年度科普经费使用额 指本单位内实际用于科普管理、研究及开展科普活动的全部实际支出。

科技活动周经费筹集额 指本年度科技活动周期间，本单位筹集的准备用于科技活动周的经费总额。

科普场馆基建支出 指本年度内实际用于科普场馆的基本建设资金，包括实际用于科普场馆的土建费（场馆修缮和新场馆建设）和添加科普展品及设施所产生的费用。

科普图书 指以非专业人员为阅读对象，以普及科学知识、倡导科学方法、传播科学思想、弘扬科学精神为目的，在新闻出版机构登记、有正式刊号的科技类图书。

科普期刊 指面向社会发行并在新闻出版机构登记、有正式刊号或有内部准印证的科普性刊物。

科普（技）音像制品 指以普及科学知识、倡导科学方法、传播科学思想、弘扬科学精神为目的，正式出版的音像制品。

科普（技）讲座 指各种面向社会的以普及科学知识、倡导科学方法、传播科学思想、弘扬科学精神为主要内容的科技讲座。由讲座的第一组织单位填写。如由几个单位联合举办，组织单位名单中排名第一的为第一组织者，其他几个组织单位不再统计本次活动。

科普（技）展览 指围绕某个主题所进行的具有科普性质的展教活动，包括常设展览、临时展览和巡回展览；参观人次只统计参观专题展览的人次，而不是场馆的年度总参观人次。

科普（技）竞赛 指国家机关、社会团体及其他组织作为第一组织者开展的科技知识普及性竞赛。由竞赛的第一组织单位填写。

科普国际交流 指填表单位与其他国家及境外地区进行的有关科普接待和外派参加会议、访问、展览、培训等交流活动。

重大科普活动 指参加活动的人次在1000人次以上的科普活动。该项由活动的第一组织单位填写。